高等学校规划教材

VB.NET 程序设计教程

林卓然　编著

电子工业出版社.

Publishing House of Electronics Industry

北京·**BEIJING**

内 容 简 介

本书以 Visual Basic 2010 为语言背景,介绍了 VB.NET 程序设计的基本概念和基本方法。全书共分 11 章,主要内容有:VB.NET 集成开发环境、程序设计基础、顺序结构设计、选择结构设计、循环结构设计、数组、过程、数据文件与程序调试、常用控件的使用、面向对象程序设计等。

本书是程序设计的入门教材,注重从初学者的认识规律出发,强调实用性和可操作性,讲述浅显易懂,由浅入深。在教材组织形式上,将理论与应用、习题、上机练习融合在一本书中,使学与练紧密结合起来。本书作者还提供了一套课堂教学用的电子教案,任课教师可按前言中提供的方式获得这些教学辅助资料。

本书适合作为高等学校的程序设计基础课程教材,也可作为 VB.NET 初学者的自学参考书。

图书在版编目(CIP)数据

VB.NET 程序设计教程 / 林卓然编著. —北京:电子工业出版社,2018.3
高等学校规划教材
ISBN 978-7-121-33734-5

Ⅰ. ①V… Ⅱ. ①林… Ⅲ. ①BASIC 语言—程序设计—高等学校—教材 Ⅳ. ①TP312.8

中国版本图书馆 CIP 数据核字(2018)第 033251 号

策划编辑:冉　哲
责任编辑:冉　哲
印　　刷:北京虎彩文化传播有限公司
装　　订:北京虎彩文化传播有限公司
出版发行:电子工业出版社
　　　　　北京市海淀区万寿路 173 信箱　邮编　100036
开　　本:787×1092　1/16　印张:14　字数:358.4 千字
版　　次:2018 年 3 月第 1 版
印　　次:2023 年 7 月第 7 次印刷
定　　价:36.00 元

前　言

　　Visual Basic.NET（简称 VB.NET）是美国微软（Microsoft）公司推出的新一代程序设计语言，是 Visual Studio.NET 系列产品的一个重要组成部分。它继承了 Visual Basic（简称 VB）语言简单易学、使用方便、功能丰富等特点，并对其进行了重大升级，新增和加强了很多面向对象的特征，成为真正的面向对象的程序设计语言，得到了越来越广泛的应用。

　　本书适合作为大学第一门程序设计课程学习的教材。只要具有 Windows 初步知识，就可以通过本书掌握 VB.NET 程序设计的基本内容。本书具有以下特点：

　　（1）内容涵盖了程序设计的主要知识环节。考虑到读者是程序设计的初学者，以及学时的限制，本书舍去了某些传统部分内容（如图形设计），加强了编程能力、算法的训练和逻辑思维的培养。

　　（2）以程序结构为主线，把常用控件应用融合到各程序结构中，将 VB.NET 的可视化界面设计内容与代码设计部分紧密结合在一起，使学生更好地掌握可视化编程工具的使用方法，了解面向对象程序设计的基本概念和开发方法。

　　（3）注重用通俗的语言、简明的实例来介绍各部分内容，使初学者更易接受和理解。本书提供的大量例题都是上机验证过的，读者可以边看书，边在计算机上操作。各章还设计了一些有错的程序例子，供学生改正，从另一角度培养学生的程序分析能力。

　　（4）在组织形式上也做了改进，改变传统教材中将理论与实验分开成书的形式，将理论与应用、习题、上机练习融合在一本书中，使学与练紧密地结合起来，提高学习效率。

　　为了帮助教师使用本书，作者准备了配套的教学辅助材料，包括各章节的电子教案、习题参考答案、例题源程序代码等，并发布在华信教育资源网上，其网址为http://www.hxedu.com.cn。

　　由于本人水平所限，加之计算机技术发展日新月异，书中错误在所难免，失误之处，敬请读者指正。作者电子邮件：puslzr@mail.sysu.edu.cn。

作者

于广州·中山大学

目　录

第1章　认识 VB.NET

Visual Basic.NET 语言是从 Visual Basic 语言演变而来的，是一种比较流行的、简单易学的、功能强大的应用程序开发工具。本章简单介绍了有关.NET 的一些基本概念、VB.NET 集成开发环境以及如何使用 VB.NET 进行简单的程序设计。

1.1　VB.NET 概述

1.1.1　Visual Basic 的发展

BASIC 于 1964 年诞生，其含义为"初学者通用的符号指令代码"，由于它简单易学而一直被大多数初学者作为入门首选的程序设计语言。1976 年前后开发出 DOS 环境下的 GW-BASIC，20 世纪 80 年代中期又出现了多种结构化 BASIC 语言，如 Quick BASIC、True BASIC 等。

1988 年微软公司推出 Windows 操作系统，从此进入了鼠标操作的图形用户界面时代，同时开发在 Windows 环境下的应用程序成为 20 世纪 90 年代软件开发的主导潮流。起初人们在开发 Windows 应用程序时遇到了很大困难，因为要编写 Windows 环境下运行的程序，必须建立相应的窗口、菜单、对话框等各种"控件"，程序的编写变得越来越复杂。

1991 年微软公司推出 VB1.0，使这种情况有了根本的改观。VB 除提供常规的编程机制外，还提供了一套可视化的编程工具，非常适合编程人员创建图形用户界面。VB 以可视化工具为界面设计，以结构化 BASIC 为基础，以事件驱动为运行机制，它的诞生标志着软件设计和开发进入了一个新时代。

随着 Windows 操作平台的不断成熟，VB 经历了从 VB 1.0 至 VB 6.0（1998 年）的多次版本升级，其功能逐步增强，应用范围越来越广。

2002 年微软公司推出 VB.NET 7.0，随后又陆续发布多种 VB.NET 版本。VB.NET 是微软公司改进 VB 语言的新一代产品。

1.1.2　什么是.NET

随着 Internet 的不断发展和广泛应用，Internet 逐渐成为编程领域的中心，为适应这种新局面的变化，2000 年 6 月微软公司提出了其新一代基于 Internet 平台的软件开发构想——.NET 战略，并推出了.NET 开发平台。

如同 MS-DOS 和 Windows 一样，.NET 将大大改变我们的计算领域。它以 Internet 为基础，采用 Internet 上标准的通信协议，允许应用程序通过 Internet 进行通信和共享数据，而不管所采用的是哪种操作系统、设备或编程语言。

.NET 开发平台包括.NET 框架（.NET Framework）、.NET 开发技术和.NET 开发工具等组成部分。其中.NET 框架是一个集成在 Windows 系统中的组件，是构建以 Internet 为开发平台的基础工具，它包括公共语言运行时库（CLR）和基础类库。基础类库提供了大量可重用的类，无论是 VB.NET，还是 VC++.NET，都使用同一类库来开发软件。

1.1.3 VS.NET 与 VB.NET

Visual Studio.NET（简称 VS.NET）是微软公司推出的第一个基于.NET 框架的应用程序开发工具，它把 VB.NET、VC++.NET、VC#.NET 等集于一体，提供了可视化的、高效的、多编程语言的，可以创建、测试和组织应用程序的集成开发环境。

VB.NET 是 VS.NET 支持的多种编程语言之一，也是 VS.NET 中最早推出的应用程序开发工具。VB.NET 是 VB 的全新版本，它继承了传统 Visual Basic 的特点和风格，但又不是 VB 6.0 的简单升级版。它从功能上消除了许多 VB 原有的局限性，如面向对象的能力较弱，很难满足大型项目的开发需求等，新增和加强了许多面向对象特性，体现了真正的面向对象的程序设计思想，使其与 C++和 Java 这类高级语言一样，成为功能强大的应用程序开发工具。VB.NET 不仅可以快速开发 Windows 应用程序，并且可以非常容易地开发适用于 Internet 的 Web 程序。

本书以 VB.NET 2010 版为背景，相应的.NET 框架为.NET Framework 4.0。

1.1.4 VB.NET 的主要特点

① 面向对象的可视化设计。VB.NET 采用了面向对象的程序设计方法（OOP），把程序和数据"封装"起来作为一个对象。所谓"对象"就是一个可操作的实体，如窗体、命令按钮、文本框、标签等。程序设计时编程人员不必为界面设计编写大量程序代码，只需利用系统提供的工具，直接在窗体上建立各种控件对象，并为每个控件对象设置属性。

② 事件驱动的编程机制。VB.NET 通过事件来执行对象的操作，事件可由用户的操作触发，也可以由系统或应用程序触发。例如，命令按钮是一个对象，当用户单击该按钮时，将触发一个"单击"（Click）事件，而在该事件发生时，系统将自动执行相应的事件过程，用以实现指定的操作和达到运算、处理的目的。

在 VB.NET 中，编程人员只需针对这些事件编写相应的处理代码，这样的代码一般较短，所以程序既易于编写又易于维护。

③ 软件的集成式开发。VB.NET 集成在 VS.NET 中，用户可以充分利用所有.NET 平台特性，使用 VB.NET 集成开发环境方便地设计界面、编写代码、调试程序和保存文件。

VS.NET 中所有语言使用统一的开发环境，因此 VB.NET 与其他语言之间的数据和代码交换更加方便，极大地简化了应用程序的开发，提高编程效率。

④ 支持结构化程序设计。VB.NET 是在结构化的 BASIC 语言基础上发展起来的，加上面向对象的设计方法，因此是更出色的结构化程序设计语言。

⑤ 强大的数据库功能。VB.NET 采用 ADO.NET 数据访问技术，对多种不同类型的数据库（如 Oracle、Access、SQL Server 等）中的数据，以统一的方式管理和访问。

⑥ 网络功能。VB.NET 提供了更直观、方便的 Web 应用程序开发环境，可以通过 Web Server 实现跨平台的功能调用和使用 XML 来进行数据交换，能有效地建立全交互的互联网网站。

1.1.5 VB.NET 的启动与退出

VS.NET 作为一个集成的开发环境，将以往独立的诸如 VB、VC++、ASP 等开发工具都整合在了.NET 框架开发平台中。安装 VB.NET 的过程其实就是安装整个 VS.NET 的过程，也只有安装了所有的开发语言和控件，才可以得到一个可以跨越多种语言的开发环境。

1. 启动 VB.NET

VB.NET 是 VS.NET 的一部分，因此启动 VB.NET，实质上是启动 VS.NET。具体方法是：

从"开始"菜单中选择"所有程序",指向"Microsoft Visual Studio 2010",单击级联菜单中的"Microsoft Visual Studio 2010",即可启动 VS.NET,进入"起始页",如图 1.1 所示。

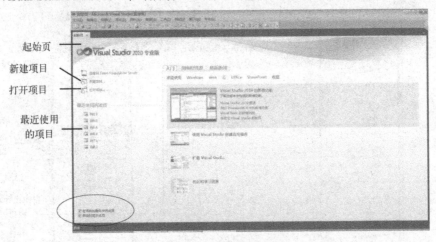

图 1.1　VS.NET 的起始页

　　说明:在"起始页"底部有两个复选框(见图 1.1 底部的椭圆线条部分),可以设置启动时是否显示"起始页",项目加载后是否关闭"起始页"。

2. 新建项目

　　在 VB.NET 中,编写 VB.NET 应用程序意味着创建一个项目。一个项目由存放在独立文件夹中的若干文件组成。新建一个 VB.NET 项目,有以下两种常用方法。

　　方法 1:启动 VB.NET 后,在起始页上单击"新建项目"按钮。

　　方法 2:执行主窗口的"文件"菜单中的"新建项目"命令。

　　用以上方法均可以打开"新建项目"对话框,如图 1.2 所示。"新建项目"对话框提供了一组与所要创建的应用程序类型相关的模板选项。

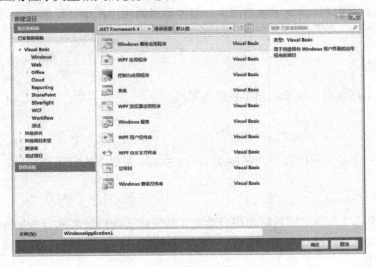

图 1.2　"新建项目"对话框

　　在"新建项目"对话框的.NET 框架类型下拉列表中默认选择".NET Framework 4",在左侧"已安装的模板"框中,展开"Visual Basic"分支,选择"Windows"项,在中间选择"Windows 窗体应用程序"，在下方的"名称"框中输入要创建的项目名称，或采用系统给定的默认名，单击"确定"按钮，即可创建一个新项目，进入 VB.NET 集成开发环境，如图 1.3 所示。

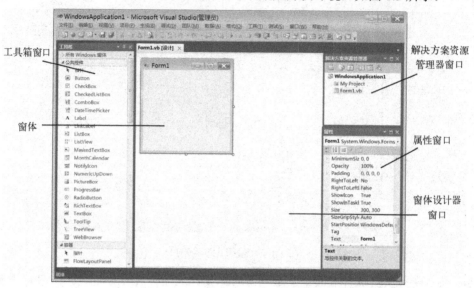

图 1.3　VB.NET 集成开发环境

3．退出 VB.NET

如果要退出 VB.NET，可单击 VB.NET 主窗口右上角的"关闭"按钮，或选择"文件"菜单中的"退出"命令，VB.NET 会自动判断用户是否修改了项目的内容，询问用户是否保存文件或直接退出。

1.2　VB.NET 集成开发环境

VB.NET 集成开发环境由许多窗口组成，根据不同的应用程序开发需要使用不同的窗口，以下介绍最常用的窗口。

1.2.1　主窗口

主窗口主要由标题栏、菜单栏和工具栏等组成。

1．标题栏

标题栏主要用于显示应用程序的名称及其工作状态。新建 VB.NET 项目后，标题栏中显示的信息为：

项目名称 - Microsoft Visual Studio

其中"项目名称"为建立项目时由用户给定（系统默认的项目名称为 WindowsApplicationX，X 为 1，2，…），并表明当前的工作状态处于"设计模式"。随着工作状态的不同，标题栏上的显示信息也随之改变。

VB.NET 有三种工作模式：设计模式、运行模式、调试模式。

设计模式：可以进行用户界面的设计和代码的编写。

运行模式：应用程序运行阶段，在标题栏中显示"项目名称（正在运行）- Microsoft Visual

Studio"，此时不可以编辑代码，也不可以编辑界面。

调试模式：应用程序运行暂时中断，在标题栏中显示"项目名称（正在调试）－Microsoft Visual Studio"，在此模式下可以进行程序的调试。此时可以编辑代码，但不可以编辑界面。

2．菜单栏

通常，菜单栏中包括 13 项下拉菜单，提供了用于开发、调试和保存应用程序所需的所有命令。

3．工具栏

工具栏可以迅速地访问常用的菜单命令。VB.NET 提供了标准工具栏、布局工具栏、调试工具栏、格式设置工具栏等 30 多个专用的工具栏。要显示或隐藏工具栏，可以选择"视图"菜单中的"工具栏"命令，或右击标准工具栏，在快捷菜单中选中或取消选中所需的工具栏。

在一般情况下，集成开发环境中只显示"标准"工具栏（简称工具栏）。

1.2.2 工具箱窗口

工具箱窗口（简称工具箱）如图 1.4 所示，它提供了建立应用程序的各种控件。工具箱位于集成开发环境的左侧，默认情况下是自动隐藏的，当鼠标接近工具箱敏感区域时，工具箱会自动弹开，当鼠标离开时又会自动隐藏。如果关闭了工具箱窗口，可以执行"视图"中的"工具箱"命令，或单击工具栏中的"工具箱"按钮，将其打开。

说明：①单击工具箱标题栏上的"自动隐藏"按钮，可取消自动隐藏功能，使工具箱始终保持为打开状态；②为方便使用，通常通过工具箱标题栏上的"窗口位置"下拉列表，将工具箱设置为"停靠"状态。

VB.NET 将控件分类放置在工具箱的不同选项卡中，常用的选项卡有"所有 Windows 窗体"、"公共控件"、"容器"、"菜单和工具"、"对话框"等。例如，在"所有 Windows 窗体"选项卡中，放置了常用的文本框、标签框、命令按钮等控件。

以下简要介绍控件的一些基本操作方法。

1．在窗体上添加控件

常用以下两种方法。

① 单击工具箱中所需的控件按钮，在窗体上按住鼠标左键拖动，则可添加控件。

② 双击工具箱中所需的控件按钮，即可在窗体左上角创建一个控件，然后移动控件到合适位置。

2．控件的缩放、移动、复制和删除

在设计阶段，选定（单击）窗体上的某个控件时，控件的边框上会出现控点（见图 1.10），

图 1.4　工具箱窗口

这表明该控件处于"活动"状态，或称为"当前控件"。

说明：不同控件被选定后出现的控点数有所不同，有些是 8 个，有些是 1 或 2 个。

① 缩放：选定控件后，把鼠标指针指向某一控点，当出现双向箭头时，按住鼠标左键拖动，可以改变控件的大小。

② 移动：选定控件后，把鼠标指针指向控件的内部，当出现十字箭头时，按住鼠标左键拖动，即可移动控件的位置。

③ 复制：选定控件后，单击工具栏上的"复制"按钮，再单击"粘贴"按钮，即可添加一个与选定控件同类的控件。

④ 删除：选定控件后，按 Delete 键或选择"编辑"菜单中的"删除"命令。

3．选定多个控件

要调整多个控件，需要先同时选定多个控件，常用方法有两种。

① 在窗体的空白区域中按住鼠标左键拖动拉出一个矩形框，框住需要选定的多个控件。

② 在按 Shift 键的同时，用鼠标依次单击所要选定的控件。

1.2.3　解决方案资源管理器窗口

为便于管理，VB.NET 中引入了两类容器：解决方案资源管理器和项目。解决方案包含了开发一个应用程序的所有组成部分（如文件夹、文件、引用、数据连接等）。一个解决方案可以由一个或多个项目组成。项目是一个独立的编程单位，可以用不同的语言开发。每个项目包含有窗体文件和其他一些相关的文件。

说明：本书所有解决方案都只包含一个项目，即一个应用程序只有一个项目；一个项目中可以建立一到多个窗体，本书前几章介绍的项目中只包含单个窗体，从第 8 章开始才引入多窗体的概念。

解决方案资源管理器如图 1.5 所示，其作用是查看和管理解决方案中的项目。解决方案资源管理器是 VB.NET 的文件管理器，其功能类似 Windows 资源管理器，它以树状的结构显示整个解决方案中包括哪些项目以及每个项目的组成信息，也可以对项目中的文件（如窗体文件）进行复制、删除、重命名等操作。

图 1.5　解决方案资源管理器窗口

如果关闭了解决方案资源管理器窗口，可以选择"视图"菜单中的"解决方案资源管理器"命令来打开该窗口。

解决方案资源管理器窗口的工具栏上常用按钮及其作用如下。

① "属性"按钮：打开"属性"窗口，显示所选定对象的属性。

② "显示所有文件"按钮：解决方案资源管理器隐藏了一些文件，单击该按钮可以显示出这些隐藏的文件。

③ "查看代码"按钮：切换至代码窗口。

④ "视图设计器"按钮：切换至窗体设计器窗口。

1.2.4 窗体设计器窗口

应用程序的窗口在设计阶段称为"窗体"，每个窗体都有自己的窗体设计器。窗体设计器窗口（简称窗体窗口）如图 1.6 所示，它是设计应用程序用户界面的场所。

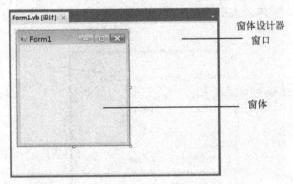

图 1.6 窗体设计器窗口

当创建一个新项目时，VB.NET 会同时创建一个新的窗体，其默认名为 Form1，一个应用程序可以有多个窗体，可通过"项目"菜单中的"添加 Windows 窗体"命令来添加新窗体。在窗体中，用户可以根据需要添加相应的控件，并设置相应的属性来创建应用程序的界面。

1.2.5 代码设计窗口

代码设计窗口（简称代码窗口）如图 1.7 所示，用来显示和编辑程序代码。从"视图"菜单中选择"代码"命令，或者用鼠标双击窗体或窗体中的一个控件，或者单击"解决方案资源管理器"窗口的"查看代码"按钮等，可以打开代码窗口。

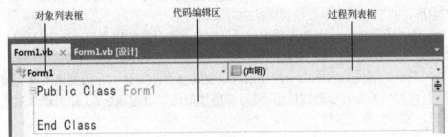

图 1.7 代码设计窗口

代码窗口有如下主要内容。

① 对象列表框：列出当前窗体及其所包含的所有对象名。

② 过程列表框：列出所选定对象的所有事件过程名和用户自定义过程名。

编写事件过程时，在对象列表框中选择对象名，在过程列表框中选择事件名，即可在代码编辑区中形成对象的事件过程模板，用户可在该模板内输入和编辑代码。

③ 代码编辑区：编辑程序代码的区域。当新建一个新窗体时，系统会自动提供"Public Class FormX"及"End Class"的模板，用于声明名称为 FormX（X 为 1、2、…）的新类。

默认情况下，VB.NET 以大纲方式显示源代码，用户可以通过单击代码行左侧的"+"或"−"来展开或折叠代码。选择"编辑"菜单中的"大纲显示"命令，可以设定代码的显示方式。

为了便于代码的编辑，代码编辑器提供了"智能感知选项"、"自动语法检测"、"自动缩进"等功能。

1.2.6 属性窗口

属性窗口如图 1.8 所示，它主要用于显示和更改所选定对象的属性。每个对象都由一组属性来描述其特征，如颜色、字体、大小等，在程序设计时，可以通过属性窗口来设置或修改对象的属性。

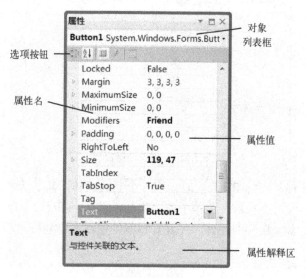

图 1.8 属性窗口

属性窗口由以下部分组成。

① 对象列表框：显示当前所选定对象的名称及所属的类。单击其下拉按钮，可列出项目中全部对象的名称，从中可以选择要设置属性的对象。

② 选项按钮：常用的左边两个选项按钮，分别是"按分类顺序"和"按字母顺序"，可选择其中一种排列方式，显示当前选定对象的属性。

③ 属性列表框：属性列表框由中间一条直线将其分为两部分，左边列出的是当前选定对象的属性名称，右边列出的是对应的属性值，可对该属性值进行设置或修改。如果属性值右侧有"…"或"▼"按钮，表示有预定值可供选择，

1.2.7 其他窗口

除上述几种常用窗口外，在集成开发环境中还有其他一些窗口，如即时窗口、输出窗口、命令窗口、对象浏览器窗口、任务列表窗口等，这里就不一一介绍。

1.2.8　窗口布局

在 VB.NET 集成开发环境中，窗口按照布局方式可以分为两类，一类是位置相对固定的窗口，如主窗口、窗体窗口等；另一类是可浮动、可停靠、可隐藏的窗口，如工具箱、属性窗口、解决方案资源管理器窗口等，用鼠标在可浮动窗口标题栏上右击，从快捷菜单中可选择所需操作。

执行主窗口"窗口"菜单中的"重置窗口布局"命令，可以将集成开发环境中的窗口布局恢复到软件安装时的初始状态。

说明：初学者使用 VB.NET 时，由于操作不熟练，容易造成操作窗口布局混乱，此时可通过"重置窗口布局"命令将其重置。

1.2.9　使用帮助系统

VB.NET 的帮助系统集成在 VS.NET 的帮助系统之中，是通过 MSDN（Microsoft Developer Network）Online 提供的内容或本地安装的内容（安装 VS.NET 系统时默认安装在本地硬盘上）来提供帮助信息的。用户可以使用 Web 浏览器联机或脱机查看这些帮助信息。

执行"帮助"→"查看帮助"命令，可以在默认浏览器中显示本地的帮助信息。

执行"帮助"→"管理帮助设置"命令，可以打开 Help Library 管理器，然后根据需要从中选择"联机检查更新"、"联机安装内容"等操作。

在 VB.NET 集成开发环境中，常用 F1 键获取与上下文相关的帮助，具体的操作方法是：选取需要帮助的主题，按 F1 键，则可以直接打开与之相关的帮助内容。获取帮助的主题可以是：

- 工具箱中的控件
- 窗体及窗体中的对象
- 属性窗口中的属性
- VB.NET 语言的关键字（如 For、If、End 等）

例如，若要获取对"End"语句的帮助，只要在"代码窗口"中选定该语句，按 F1 键，系统就会直接显示该语句的帮助信息。

1.3　创建简单的应用程序

1.3.1　建立 VB.NET 应用程序的步骤

使用 VB.NET 编写程序，一般可分为两大部分工作：设计用户界面和编写程序代码。VB.NET 应用面向对象的程序设计方法，先要确定对象，然后才能针对这些对象进行代码设计。编写一个 VB.NET 应用程序的一般步骤如下。

① 创建 VB.NET 应用程序项目。
② 建立用户界面的对象。
③ 设置对象的属性。
④ 编写程序代码。
⑤ 保存和运行程序。

下面通过一个实例，来说明建立 VB.NET 应用程序的一般步骤和方法。

1.3.2　一个简单程序

【例 1.1】　一个简单程序实例。程序的设计界面如图 1.9 所示，它由 1 个窗体、1 个文本框和

2 个命令按钮组成。程序运行时，文本框中初始状态为空白。单击"运行"命令按钮，文本框中会出现"欢迎你来到 VB.NET 世界！"字样。单击"结束"命令按钮，则结束程序运行。

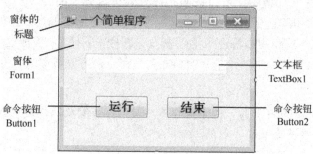

图 1.9　例 1.1 的设计界面

（1）创建 VB.NET 项目

启动 VB.NET，在"起始页"窗口中单击"新建项目"按钮，或在主窗口中执行"文件"菜单中的"新建项目"命令，打开"新建项目"对话框。在对话框左侧 "已安装的模板"框中，选择"Visual Basic"分支中的"Windows"项，在中部选择"Windows 窗体应用程序"项，单击"确定"按钮，就可建立一个默认名为"WindowsApplication1"的新项目。

（2）建立用户界面的对象

新建项目时，系统会自动提供一个空白的 Windows 新窗体，默认名为 Form1,该窗体文件 Form1.vb 也同时被添加到解决方案资源管理器窗口中。

在窗体上添加文本框 TextBox1，操作方法是：展开工具箱中的"所有 Windows 窗体"选项卡，单击其中的 TextBox 控件，将鼠标移到窗体上适当的位置，按住鼠标左键，拖动出一个矩形框，放开鼠标左键，就在这个矩形框中创建一个 TextBox1 控件。

使用类似上面的操作方法，可以在窗体的适当位置上添加 2 个 Button 控件，默认名称为 Button1 和 Button2。图 1.10 为添加控件后窗体的布局情况。

（3）设置对象属性

设置窗体上控件对象的属性，可以在属性窗口中进行。

单击窗体上的 Button1 命令按钮，使其处于选定状态，此时属性窗口中会自动显示该命令按钮的所有属性，在属性列表中，选定属性名"Text"，在右列中将默认值"Button1"改为"运行"，如图 1.11 所示。

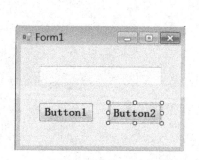

图 1.10　在窗体上添加控件

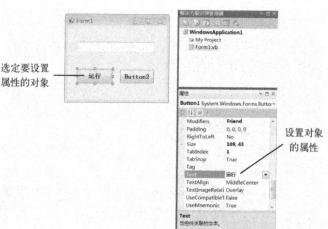

图 1.11　在属性窗口中设置对象的属性

按照上述方法，可以设置以下对象的属性。

● 设置窗体 Form1 的 Text（标题名）属性为"一个简单程序"

● 设置按钮 Button2 的 Text（标题名）属性为"结束"

此时窗体的布局情况如图 1.9 所示。

（4）编写程序代码，建立事件过程

设计好用户界面后，还需要在程序中添加代码，才能实现相应的功能。

双击窗体上的按钮 Button1，可以切换到代码窗口，同时在代码编辑区中会打开 Button1_Click 事件过程模板，如图 1.12 所示。用户也可以通过其他方法（如选择"视图"菜单中的"代码"命令）进入代码窗口，只是此时没有 Button1_Click 事件过程模板，需要从对象列表框中选择"Button1"，在过程列表框中选择单击事件（Click），这样才可以打开事件过程模板。

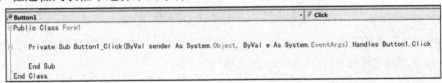

图 1.12　Button1_Click 事件过程模板

在 Button1_Click 事件过程模板中，各部分的含意如下。

① 关键字 Private Sub 和 End Sub 用于定义一个过程。

② Button1_Click 表示事件过程名。

③ 事件过程名后面有一对圆括号"( )"，其中包含两个参数 sender 和 e，最后是关键字 Handles 及其相关内容。

用户可在该事件过程的过程体中插入如下语句：

　　TextBox1.Text = "欢迎你来到 VB.NET 世界！"

该语句的含意是将右边的文字显示在文本框 TextBox1 中。

按上述同样的步骤，可以打开 Button2_Click 事件过程模板，然后在该事件过程的过程体中插入 End 语句，该语句用于结束程序的运行。

此时代码窗口显示如图 1.13 所示。

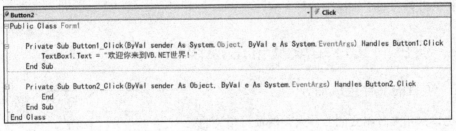

图 1.13　例 1.1 的程序代码窗口

说明：

① 事件过程的模板是 VB.NET 系统为方便用户编程而自动提供的。初学者可以暂时不必关心这些参数的含意，也不能对它们进行随意修改。

② 用户每输入完一行代码并按回车键时，VB.NET 能自动检查该行的语法错误。如果语句语法正确，则自动以不同的颜色显示代码的不同部分，并在运算符前后加上空格。

（5）保存项目

单击工具栏上的"全部保存"按钮，或选择"文件"菜单中的"全部保存"命令，打开"保存项目"对话框,如图 1.14 所示。选择好保存"位置"(假设为"D:\VB\第 1 章"文件夹),"名称"栏中已显示先前设置的项目名称(如 WindowsApplication1),用户可以根据需要更改项目"名称"(本例改为"示例"),单击"保存"按钮,即可保存当前项目中所包含的全部文件(如窗体文件等)。

图 1.14 "保存项目"对话框

说明:本书中所有例题均为单一项目,所以不建议创建解决方案目录,也就是在"保存项目"对话框中不选择"创建解决方案的目录"复选框。

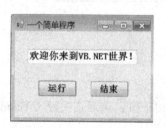

图 1.15 单击"运行"按钮显示的情况

(6)运行和调试程序

单击工具栏上的"启动调试"按钮,或选择"调试"菜单中的"启动调试"命令,或按 F5 键,即可运行当前程序。

程序运行后,当用户单击"运行"命令按钮(Button1)时,系统会自动执行 Button1_Click 事件过程,在窗体的文本框上显示"欢迎你来到 VB.NET 世界!"字样,如图 1.15 所示。单击"结束"命令按钮(Button2),则结束程序运行。

说明:程序运行过程中,单击窗体右上角的"关闭"按钮,或单击工具栏上的"停止调试"按钮,也可以结束程序的运行。

如果程序运行出错,或未能实现所要求的功能,则需要进行修改,然后再次运行。对于大多数程序,通常要多次重复上述过程,此过程也称为"调试"。但要注意,在保存项目文件后对项目进行任何修改都需要再次保存项目文件。

1.4 项目的文件组成及常用操作

1.4.1 项目的文件组成简介

VB.NET 采用多种格式的文件来存储项目相关的信息。例如,在例 1.1 中,当保存项目时,系统会在用户指定的位置(如 D:\VB\第 1 章)下新建一个用项目名"示例"命名的子文件夹(也称为解决方案文件夹或程序文件夹),并在该文件夹下生成和保存多个文件和子文件夹,主要涉及的文件如图 1.16 所示。当打开一个项目时,该项目有关的所有文件同时装载。

初学者对这些文件夹和文件不必深究,但是对如下文件应该有所了解。

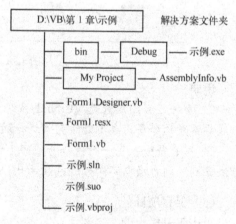

图 1.16 一个简单程序的主要文件组成

① .sln 文件：该文件（如"示例.sln"）称为 VB.NET 解决方案文件。VB.NET 中的开发工作以解决方案的形式进行组织，每个解决方案包含一个或多个项目，存储定义一组项目关联、配置等信息。

② .suo 文件：该文件称为解决方案定义文件，存储一组项目中集成开发环境选项自定义的信息。

③ .vbproj 文件：该文件称为 VB.NET 项目文件，存储一个项目的相关信息，如窗体、类引用等。

④ .vb 文件：该文件称为代码模块文件，也称为 VB.NET 源文件。在 VB.NET 中，所有包含程序代码的源文件均以.vb 作为扩展名。例如，Form1.vb 存放用户在窗体 Form1 中所写的程序代码。

⑤ .resx 文件：该文件称为资源文件，主要存放启动指定窗体的素材，如图片、图标等。

⑥ .exe 文件（可执行文件）：在程序正常运行调试过之后，VB.NET 会自动生成一个与项目同名的可执行文件（如"示例.exe"），该文件保存在项目所在文件夹下的"bin\Debug"子文件夹中。

1.4.2 项目的常用操作

1．关闭项目

执行"文件"菜单中的"关闭项目"命令，可将当前项目的相关文件关闭，如果项目还未保存，系统会提示用户保存或放弃该项目。

说明：如果执行"文件"菜单中的"关闭"命令，则只关闭当前打开的文件。

2．打开项目

通常采用以下几种方法。

方法 1：从起始页窗口的"最近使用的项目"中选择需要打开的项目。

方法 2：执行"文件"菜单中的"打开项目"命令，打开"打开项目"对话框，然后选择扩展名为.sln 的文件（如"示例.sln"），再单击"打开"按钮。

方法 3：如果已经退出 VB.NET，在 Windows 环境下双击扩展名为.sln 的文件，可以打开相应的项目。

3．对项目中某一文件重命名

要对项目中某一文件进行重命名，可以在解决方案资源管理器窗口中右击相应的文件，在快捷菜单中选择"重命名"命令，直接输入新的名称，然后保存项目文件。

解决方案文件夹名的重命名，以及解决方案涉及的.sln 和.suo 文件的重命名，可以直接在"Windows 资源管理器"中进行。

要注意的是，不要在 Windows 资源管理器下直接修改窗体文件等的文件名，更不要修改其扩展名。

4．项目的复制或删除

项目相关的信息（一系列文件夹和文件）都存放在项目所在的解决方案文件夹中，因此要删除或复制项目，只需在 Windows 资源管理器下按一般文件夹的删除或复制方法，对解决方案文件夹进行相应操作即可。

5．项目的重命名

要修改项目的名称，如将"示例"项目名改为"例 1.1"，可以通过对多个相关文件及文件夹改名的方法来实现，但操作比较烦琐。

一种简单可行的方法是，创建一个新项目，选择"项目"菜单中的"添加现有项"命令，在"添加现有项"对话框中查找用来复制的项目所在的解决方案文件夹（如"示例"文件夹），打开该文件夹，选择如图 1.17 所示的相关文件（.resx 和.vb 文件）后，单击"添加"按钮，以替换新建项目的原有同名文件。最后以新的项目名（如"例 1.1"）保存即可。

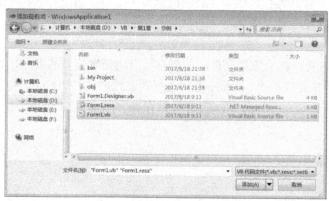

图 1.17　选择用来添加（替换）的文件

习题 1

一、单选题

1．要设置窗体上各控件的属性，一般可在_____中进行。
  A）代码窗口　　　　　　　　　　B）解决方案资源管理器窗口
  C）属性窗口　　　　　　　　　　D）窗体窗口

2．在 VB.NET 中，编写程序代码应在_____中进行。
  A）即时窗口　　　B）属性窗口　　　C）代码窗口　　　　D）输出窗口

3．编程人员可以从_____中选择所需的控件放置在窗体上，再按照设计要求对其属性进行修改。
  A）工具箱　　　　　　　　　　　B）解决方案资源管理器窗口
  C）菜单栏　　　　　　　　　　　D）工具栏

4．假设窗体上已有一个控件是活动的，为了在属性窗口中设置窗体的属性，预先要执行的操作是_____。
  A）单击窗体上没有控件的地方　　B）单击任一个控件
  C）双击任一个控件　　　　　　　D）双击窗体上没有控件的地方

5．在代码窗口中，当从对象列表框中选定了某一对象后，在_____中会列出该对象的事件。
  A）属性窗口　　　　　　　　　　B）过程列表框
  C）工具箱　　　　　　　　　　　D）工具栏

6．在设计阶段中，从窗体窗口切换到代码窗口，不可以采用_____的方法。
  A）单击窗体

B）双击窗体

C）单击解决方案资源管理器窗口中的"查看代码"按钮

D）单击代码窗口中任何可见部位

7．在设计阶段中，从代码窗口切换到窗体窗口，可以采用_____。

A）双击代码窗口

B）单击代码窗口

C）单击解决方案资源管理器窗口中的"显示所有文件"按钮

D）单击解决方案资源管理器窗口中的"视图设计器"按钮

8．在下面窗口中，_____可以查看与项目有关的所有文件。

A）工具箱窗口　　　　　　　　　B）属性窗口

C）解决方案资源管理器窗口　　　D）窗体窗口

9．项目文件的扩展名是_____。

A）.vb　　　　　B）.sln　　　　　C）.exe　　　　　D）.vbproj

10．下列叙述中错误的是_____。

A）使用"文件"菜单中的"打开项目"命令，可以打开一个已经创建的项目

B）执行"文件"菜单中的"全部保存"命令，可以保存项目

C）保存项目时，VB.NET 将根据所提供的项目名称在指定的位置下建立一个用项目名命名的子文件夹

D）一个 VB.NET 项目存盘后形成一个文件

11．下列窗口中，_____不是可浮动、可停靠的窗口。

A）工具箱窗口　　　　　　　　　B）代码窗口

C）解决方案资源管理器窗口　　　D）属性窗口

12．当需要上下文帮助时，先选择要帮助的主题（如 Private），然后按_____键，就可以直接打开与之相关的帮助内容。

A）Esc　　　　　B）F1　　　　　C）F10　　　　　D）Enter

二、填空题

1．VB.NET 集成在___(1)___中，用户可以充分利用所有.NET 平台特性。

2．VB.NET 的三种工作模式是___(2)___、___(3)___和___(4)___。

3．用 VB.NET 设计应用程序，大致上包括___(5)___和___(6)___两部分工作。

4．当进入 VB.NET 集成开发环境时，发现没有显示"工具箱"窗口，应选择___(7)___菜单中的___(8)___命令，使"工具箱"窗口显示出来，并最好将其窗口的属性设置为___(9)___状态。

5．在设计阶段中，要选定窗体上多个控件，可以按住___(10)___键的同时依次单击各个控件。

6．要对选定的多个控件调整格式，如对齐、统一大小、调整间距等，可以使用___(11)___菜单中的有关命令。

7．要对选定的多个 TextBox 控件设置相同的字体，可以通过属性窗口的___(12)___属性进行设置。

8．在设计阶段中，双击工具箱中的控件按钮，即可在窗体的___(13)___位置上设置控件；当双击窗体上某个控件时，所打开的是___(14)___窗口。

9．在解决方案资源管理器窗口中，单击___(15)___按钮打开窗体窗口，单击___(16)___按

钮打开代码窗口。

10. 解决方案文件的扩展名是___(17)___。

上机练习 1

1. 认识 VB.NET 集成开发环境。

启动 VB.NET，新建一个 Windows 窗体应用程序项目，进入集成开发环境中，进行以下操作。

（1）找出以下部分：工具箱、解决方案资源管理器窗口、属性窗口、窗体窗口。

（2）关闭工具箱，再打开工具箱（使用工具栏操作或菜单操作）。

（3）自动隐藏工具箱，再关闭工具箱的自动隐藏功能。

（4）关闭属性窗口，再打开属性窗口（使用工具栏操作或菜单操作）。

（5）双击窗体 Form1 的空白处，打开代码窗口，显示 Form1_Load 事件过程模板。

（6）在解决方案资源管理器窗口中，使用"视图设计器"和"查看代码"按钮，在窗体窗口和代码窗口之间进行切换。

（7）在窗口中央区域选项卡组中，单击"Form1.vb[设计]"和"Form1.vb"选项卡，在窗体窗口和代码窗口之间进行切换。

（8）执行"窗口"菜单中的"重置窗口布局"命令，可以将集成开发环境中的窗口布局恢复到软件安装时的初始状态。

（9）设置工具箱窗口为"浮动"状态，再移动该窗口的位置，然后将"浮动"状态改为"停靠"状态。

（10）执行"文件"菜单中的"关闭项目"命令，关闭项目。

2. 编写一个 VB.NET 应用程序，程序界面由 1 个窗体、2 个文本框和 2 个命令按钮组成。程序运行后，单击"显示"按钮后，在 2 个文本框中分别显示"Welcome"和"欢迎"，如图 1.18 所示；单击"传递"按钮后，将第 2 个文本框中的内容"欢迎"传送到第 1 个文本框中，如图 1.19 所示。

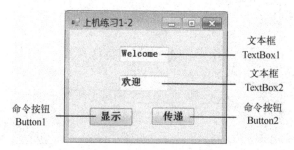

图 1.18　单击"显示"按钮后的显示情况

图 1.19　单击"传递"按钮后的显示情况

按以下步骤进行操作。

（1）启动 VB.NET，创建一个默认名"WindowsApplication1"的新项目，同时系统自动提供一个空白的 Windows 新窗体，默认名为 Form1。

（2）单击工具箱中的控件"TextBox"，在窗体上按住鼠标左键拖动，添加文本框 TextBox1。使用同样操作，在窗体上添加另一文本框 TextBox2。

单击工具箱中的控件"Button"，在窗体上按住鼠标左键拖动，添加命令按钮 Button1。使用同样操作，在窗体上添加另一命令按钮 Button2。

（3）在属性窗口中设置以下对象的属性：
● 设置窗体 Form1 的 Text 属性值为"上机练习 1-2"
● 设置按钮 Button1 的 Text 属性值为"显示"
● 设置按钮 Button2 的 Text 属性值为"传递"
（4）编写程序代码，建立事件过程

双击窗体上的按钮 Button1，切换到代码窗口，然后在 Button1_Click 事件过程模板的过程体中插入如下语句：

      TextBox1.Text = "Welcome"

      TextBox2.Text = "欢迎"

再打开 Button2_Click 事件过程模板，然后在该事件过程的过程体中插入如下语句：

      TextBox1.Text = TextBox2.Text

该语句的含意是将文本框 TextBox2 中的文本内容传送给文本框 TextBox1。

此时代码窗口显示如图 1.20 所示。

```
Public Class Form1
    Private Sub Button1_Click(ByVal sender As System.Object, ByVal e As System.EventArgs) Handles Button1.Click
        TextBox1.Text = "Welcome"
        TextBox2.Text = "欢迎"
    End Sub
    Private Sub Button2_Click(ByVal sender As Object, ByVal e As System.EventArgs) Handles Button2.Click
        TextBox1.Text = TextBox2.Text
    End Sub
End Class
```

图 1.20　第 2 题的程序代码窗口

（5）保存项目

单击工具栏上的"全部保存"按钮，或选择"文件"菜单中的"全部保存"命令，打开"保存项目"对话框。在对话框中选择好保存"位置"（假设为"D:\VB\第 1 章"文件夹），在"名称"栏中输入"上机练习 1-2"，单击"保存"按钮，即可保存当前项目中所包含的全部文件。

说明：本书各章上机练习题所建立的项目均假设保存在"D:\VB\第 x 章"文件夹下，项目名采用"上机练习 n-m"（n 为章号，m 为题号）。

（6）运行和调试程序

单击工具栏上的"启动调试"按钮，或选择"调试"菜单中的"启动调试"命令，即可运行当前程序。

程序运行后，当用户单击"显示"按钮时，系统执行 Button1_Click 事件过程，显示结果如图 1.18 所示；单击"传递"按钮时，系统执行 Button2_Click 事件过程，显示结果如图 1.19 所示。

单击窗体右上角的"关闭"按钮，或单击工具栏上的"停止调试"按钮，可以结束程序的运行。

第2章　面向对象的可视化编程基础

VB.NET 支持全部面向对象的语言特征，且采用图形用户界面的开发方法。本章首先介绍面向对象的可视化编程中涉及的一些概念，然后介绍 VB.NET 的窗体及几个基本控件的使用方法。

2.1　对象和事件的基本概念

面向对象程序设计是一种以对象为核心、以事件驱动过程执行的程序设计技术。本节从使用的角度，简述对象和事件的有关概念。

2.1.1　对象和类

在 VB.NET 中，对象是一组程序代码和数据的集合，可以作为一个基本运行实体来处理。例如，窗体、标签、文本框、命令按钮等都是对象，整个应用程序也可以是一个对象。实际上"对象"是一个很广泛的概念，要理解程序设计中"对象"的概念，还必须有一些"类"的知识。

在现实世界中，具有相同属性和行为的事物往往不止一个，面向对象程序设计技术为了提高软件的可重用性，就用类来抽象定义同类对象。类和对象的关系好像是模型和成品的关系，类是创建对象的模型，对象则是类的实例，是按模型生产出来的成品。例如在 Word 中，为创建文档提供的文档模板好比是类，用这些模板创建的文档就好比是对象。

在 VB.NET 中，工具箱中的每一个控件，如文本框、标签、命令按钮等，都代表一个类。当将这些控件添加到窗体上时就创建了相应的对象。如图 2.1 所示的工具箱中的 Button 控件是类，它确定了该类的属性、方法和事件，由它生成的两个 Button 对象，是 Button 类的实例，它们具有由类定义的公共特征和功能（即属性、方法和事件），编程人员也可以根据需要修改对象的属性。

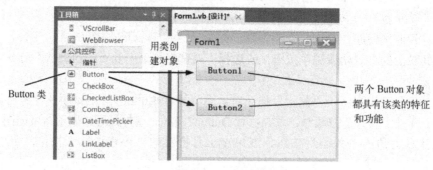

图 2.1　对象与类

用 VB.NET 进行程序设计，实际上是与对象进行交互的过程。编程人员不仅可以使用系统提供的对象，如窗体、命令按钮、文本框等，而且可以创建自己的对象（将在第 11 章中介绍），并为它们定义属性、方法和事件。

2.1.2　对象的属性和方法

对象具有属性、方法和事件三要素。建立一个对象后，其操作通过与该对象有关的属性、事件和方法来实现。

1．属性

每个对象都有其特征，称之为对象的属性（Property）。不同的对象有不同的属性。例如，命令按钮具有名称、标题、大小、位置等属性；文本框具有名称、文本内容、最大字符数、字体等属性。

每一个对象的属性一般都有一组默认值，如窗体中命令按钮的名称默认为 Button1、Button2 等，而其中的标题（Text）也默认为 Button1、Button2 等。

可以通过修改对象的属性值来改变对象的特征，设置对象的属性值有两种方法。

① 利用属性窗口设置对象的属性。

② 在代码中，用赋值语句设置，使程序运行时实现对对象属性的设置。其一般格式为：

    [对象名.]属性名 ＝ 属性值

其中，"对象名.属性名"是 VB.NET 引用对象属性的方法。如果针对于当前的窗体，则可省略该窗体对象名。例如，给命令按钮 Button1 的标题（Text）属性赋值为字符串"确定"，则在程序代码中写为：

    Button1.Text="确定"

大部分属性既可以在设计阶段通过属性窗口设置，也可以通过代码在程序运行阶段设置，这种属性称为可读写属性。也有些属性只能在设计阶段通过属性窗口设置，在程序运行阶段不可改变，这种属性称为只读属性。

2．方法

方法（Method）是对象能够执行的动作。它是对象本身内含的函数或过程，用于完成某种特定的功能。

方法只能在程序代码中使用，其调用格式为：

    [对象名.]方法名([参数])

有的方法需要提供参数，而有的方法是不带参数的。

例如，使用 Clear 方法清除文本框 TextBox1 中的所有文本，语句如下：

    TextBox1.Clear()

VB.NET 提供了大量的方法，有些方法适用于多种对象，有些方法只适用于少数对象。

2.1.3 事件、事件过程及事件驱动

1．事件

事件（Event）是指可以被对象识别的动作。例如，在 VB.NET 中，系统为每个对象预先定义了一系列的事件，如单击（Click）、双击（DoubleClick）、窗体装载（Load）、按键（KeyPress）、鼠标移动（MouseMove）等事件。

对象的事件是固定的，用户不能建立新的事件。不同的对象能识别的事件不一定相同，如窗体能识别加载事件（Load），但其他控件则不可能识别这一事件。

每个对象能识别的事件，在设计阶段可以从代码窗口中该对象的过程列表框中查到。

2．事件过程

当事件被用户触发（如单击时触发 Click 事件）或被系统触发（如加载窗体时触发 Load 事

件）时，对象就会对该事件做出响应，响应某个事件后所执行的程序代码就是事件过程（Event Procedure）。换言之，事件过程是用来完成事件发生时所要执行的操作。

事件过程的一般格式如下：

Private Sub 对象名_事件名(对象引用，事件信息) Handles 对象名.事件名

　　　　事件过程代码

　　End Sub

说明如下。

① 事件过程的命名格式为：对象名_事件名。例如，命令按钮 Button1 的 Click 事件过程名为 Button1_Click。

②"对象引用，事件信息"：在 VB.NET 事件过程中通常带有参数，这些参数包括触发该事件的对象，以及与事件相关的信息。

③"Handles 对象名.事件名"：指定该事件过程是用来处理哪一个对象的哪一个事件。

【例 2.1】 在窗体上添加 1 个文本框 TextBox1 和 1 个命令按钮 Button1，并编写如下命令按钮的 Click 事件过程：

Private Sub Button1_Click(ByVal sender As System.Object, ByVal e As _

　　　　　　　　System.EventArgs) Handles Button1.Click

　　　　TextBox1.ForeColor = Color.Blue

　　　　TextBox1.Text = "VB.NET 程序设计教程"

　　End Sub

该事件过程代码有两条语句。运行程序后，单击命令按钮 Button1 时就会触发 Click 事件，从而执行该事件过程，将文本框 TextBox1 的前景颜色属性（ForeColor）设定为蓝色（Color.Blue），并在其中显示文字"VB.NET 程序设计教程"。

说明：

① 通常 VB.NET 对象可以识别一个以上的事件，每个事件可以通过一个对应的事件过程进行响应。在设计程序时，并不需要为每个事件都编写事件过程，而只需编写那些必须响应的事件过程。

② 在 VB.NET 代码窗口中，事件过程的模板（包括"对象引用，事件信息"参数）是系统自动生成的，用户不用修改模板的内容，只需输入编写的事件过程代码。

当过程代码中不直接引用"对象引用，事件信息"参数时，本书约定以"…"简化形式表示，即上述事件过程简写成：

Private Sub Button1_Click(…) Handles Button1.Click

　　　　TextBox1.ForeColor = Color.Blue

　　　　TextBox1.Text = "VB.NET 程序设计教程"

　　End Sub

这种简化表示可提高代码的可读性，有利于初学者学习。在以后表示的事件过程中，均以此约定简化。

③ 在 VB.NET 系统自动生成的窗体文件程序模板中，包含了窗体类声明语句"Public Class FormX"及"End Class"，这是 VB.NET 窗体文件程序结构的必要部分（否则程序无法运行），用户不能删除此语句。为了节省篇幅，本书介绍的程序代码中将省去这两条语句，而把叙述的重点放在如何编写好应用程序的主体部分——事件过程代码。

3. 事件驱动

传统的程序设计采用面向过程方式，程序总是按事先设计好的流程执行。

而执行 VB.NET 应用程序时，通常先装载和显示某一个窗体，之后会等待下一个事件（一般由用户操作来触发）的发生。当某一事件发生时，程序就会执行此事件的事件过程。当完成一个事件过程后，程序又会进入等待状态，直到下一事件发生为止，如此周而复始地执行，直到程序结束。

由此可见，程序的执行完全是靠"事件"驱动的，也就是说，"事件"是程序执行的原因和动力。VB.NET 采用事件驱动的运行机制，通过响应不同的事件来执行不同的事件过程代码段，响应的事件顺序不同，执行的程序代码段的顺序也不同，即事件发生的顺序决定了整个程序的执行流程。

2.2 窗体

窗体是 VB.NET 应用程序的基本组成部分，也是设计用户界面的基本平台。窗体本身是一个对象，它有自己的属性、事件和方法，以控制窗体的外观和行为。窗体又是其他对象的容器或载体，几乎所有的控件都是建立在窗体上的。

程序运行时，一个窗体对应程序的一个窗口。对于一个简单程序，一个窗体已经足够了，但对于一个大的程序，也许需要几个、十几个甚至几十个窗体。

2.2.1 窗体的属性

窗体的属性决定窗体的外观和操作。新建项目时，VB.NET 系统会自动建立一个空白窗体，并为该窗体设置了默认属性。窗体的常用属性有以下几种。

① Name 属性：指定窗体的名称。在项目中首次创建窗体时默认为 Form1，添加第 2 个窗体时，默认为 Form2，依次类推。用户可在属性窗口中设置 Name 属性（窗体名），但在程序运行时，Name 属性是只读的，不能在程序中修改。

说明：从例 1.1 中我们可以看到，窗体名（Form1）实质上是一个类名，故当前窗体名不能用 "Form1" 表示，而以 "Me" 来表示（也可以省略），如 Me.Name。

② Text 属性：窗体的标题。窗体使用的默认标题为 Form1、Form2 等。

③ MaximizeBox、MinimizeBox 属性：指定是否显示窗体右上角的最大化、最小化按钮。默认值均为 True，表示在窗体的标题栏右侧显示这两种按钮。

④ WindowState 属性：设置窗体运行时的显示状态。有 3 种状态，正常、最小化和最大化。默认值为 Normal，表示正常状态。

⑤ ControlBox 属性：指定是否在窗体左上角显示控制菜单。默认值为 True。

⑥ BackColor 和 ForeColor 属性：设置窗体的背景颜色和前景颜色。

⑦ Font 属性：该属性本身是一个对象（称为对象属性），该对象具有 Name、Size、Bold、Italic、Underline 等子属性，分别表示字体、大小、粗体、斜体、下画线等。

在设计阶段，一般通过"字体"对话框进行设置，方法是：先选定窗体，在属性窗口中选择属性 Font，再单击属性行右端的"..."按钮，系统弹出一个如图 2.2 所示的对话框，从中选择即可。

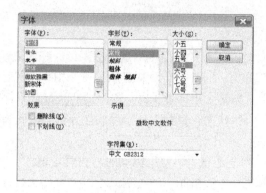

图 2.2 "字体"对话框

在代码中，可以使用以下格式来获取 Font 对象的子属性值：Font.子属性名。例如，在文本框中显示窗体的字体大小，语句如下：

TextBox1.Text = Me.Font.Size

Font 对象的属性是只读的，因此需要在代码中修改 Font 属性时，就必须使用关键字 New，重新分配一个新的 Font 对象，例如，将当前窗体的字体改为"隶书"、16 磅、斜体，语句如下：

Me.Font = New Font("隶书", 16, FontStyle.Italic)

2.2.2 窗体的事件

窗体作为对象，能够对事件做出响应。窗体的常用事件有以下几种。

① Load 事件：装载窗体时触发 Load 事件。启动程序时,系统自动装载和显示"启动窗体"（单个窗体通常就是启动窗体），在此期间会先后触发 Load、Activate 等事件。

通常，窗体的 Load 事件过程是应用程序中第一个被执行的过程，常用来进行初始化处理。

② Activated 事件：当窗体变为活动窗体时触发 Activated 事件。通过操作可以把窗体变为活动窗体，例如，单击窗体或在程序中使用 Show 方法。

③ Click 事件：当用户单击窗体时触发该事件。

④ DoubleClick 事件：当用户双击窗体时触发该事件。这一操作过程至少触发了以下两个事件：第 1 次按鼠标键时引发 Click 事件，第 2 次按鼠标键时引发 DoubleClick 事件。

2.2.3 窗体的常用方法

窗体的常用方法有 Close、Show、Hide 等，主要用于多窗体的关闭、显示、隐藏等，将在第 8 章中介绍。

【例 2.2】 编写 3 个事件过程，要求如下：

① 当窗体装入时，在窗体的标题栏上显示"装入窗体"，并将窗体颜色设定为蓝色。

② 当单击窗体时，在窗体的标题栏上显示"单击窗体"，并将窗体大小设定为（400，200）。

③ 当双击窗体时，在窗体的标题栏上显示"双击窗体"，并取消标题栏上的最大化及最小化按钮。

新建一个 Windows 窗体应用程序项目，然后编写如下程序代码：

```
Private Sub Form1_Load(…) Handles MyBase.Load
    Me.Text = "装入窗体"
    Me.BackColor = Color.Blue          '设置窗体的背景颜色为蓝色
End Sub
```

```
Private Sub Form1_Click(…) Handles Me.Click
    Me.Text = "单击窗体"
    Me.Width = 400                    '设置窗体的宽度为 400
    Me.Height = 200                   '设置窗体的高度为 200
End Sub
Private Sub Form1_DoubleClick(…) Handles Me.DoubleClick
    Me.Text = "双击窗体"
    Me.MaximizeBox = False            '不显示最大化按钮
    Me.MinimizeBox = False            '不显示最小化按钮
End Sub
```

说明：单引号 "'" 称为注释符，用来为某些代码加上注释内容（如说明某条语句或某段代码的作用），以提高程序的可读性。

2.3 基本控件

窗体为应用程序提供了一个窗口，但是仅有窗体是不够的，还需要在其中建立各种控件才能实现用户与应用程序之间的信息交互。

本节将介绍三种基本控件——命令按钮、标签和文本框。其他常用的控件将在以后各章中陆续介绍。

2.3.1 控件的基本属性

不同类型的控件既有不同的属性，也有相同的属性，大部分控件具有的属性称为基本属性。控件的常用基本属性如下。

① Name 属性：每一个控件都有一个 Name（名称）属性，程序代码中通过此名称来引用该控件。每当新建一个控件时，系统会给这个控件指定一个默认名，如 Button1、Button2 等，TextBox1、TextBox2 等。在程序设计中，可将控件的默认名改为有实际代表意义的名字。控件的命名规则与变量名命名规则相同（变量名的命名规则详见第 3 章）。

② Text 属性：大多数控件都有一个 Text 属性。对于命令按钮、标签等控件，此属性值为显示在控件上面的文字信息（标题），文本框用 Text 属性获取用户的输入文本或显示文本。

③ Font 属性：对象属性 Font 用于设置控件上文字的字体，其使用方法与窗体相同。

④ BackColor 和 ForeColor 属性：这两个属性用于设置控件的背景色和前景色。

⑤ Size 属性：设置控件的大小（高度和宽度）。例如，Size(90,50) 指定控件的宽度和高度分别为 90 和 50（像素数）。也可用 Width（宽）、Height（高）两个属性来分别表示。

⑥ Location 属性：设置控件在窗体中的位置。也可用 Left 和 Top 两个属性来表示，分别表示控件左上角到窗体左边框和顶部的距离。

⑦ Enabled 属性：确定控件能否被使用（是否有效）。默认值为 True 时，表示控件有效，能够对用户的操作做出响应；当设置为 False 时，控件呈灰色显示，不能响应用户的任何操作。

⑧ Visible 属性：确定控件的可见性，默认值为 True。当设置为 False 时，控件将被隐藏。

2.3.2 命令按钮

命令按钮（Button，简称"按钮"）是窗体中最常用的控件之一，其主要功能是用来接收用户的操作信息，触发相应的事件过程。

1. 常用属性

① Text 属性：设置命令按钮的标题，即显示在命令按钮上面的文字信息。当创建一个命令按钮控件时，其默认标题与默认的 Name 属性值相同，如 Button1、Button2 等。

可以在 Text 属性中为命令按钮指定一个访问键。设置方法是：在想要指定为访问键的字符前加一个"&"符号。例如，将命令按钮的 Text 属性设置为"结束(&E)"，则运行时该控件外观如图 2.3 所示，只要用户同时按下 Alt 键和 E 键，就能执行该按钮命令。

图 2.3　命令按钮

② Image 属性：指定一个图形文件，在按钮上显示该文件所对应的图像，并可以通过 ImageAlign 属性设置图像的对齐方式。

③ FlatStyle 属性：设置按钮的外观样式。

2. 常用事件

命令按钮最常用的事件是 Click 事件。

2.3.3　标签

标签（Label）主要用来显示比较固定的提示性信息。通常使用标签为文本框、列表框、组合框等控件附加描述性信息。其默认名称为 Label1、Label2 等。

1. 常用属性

① TextAlign 属性：设置标签中文本的对齐方式。默认值为 TopLeft，即文本在标签中按左上方对齐。

② AutoSize 属性：确定标签的大小是否根据标签的内容自动调整大小。默认值为 True，表示自动调整大小。

③ BorderStyle 属性：设置标签的边框样式。默认值为 None，表示标签无边框。

2. 常用事件

标签可接收的事件有 Click、DoubleClick 等。但实际上标签仅起到在窗体上显示文字的作用，一般不需要编写事件过程。

【例 2.3】　编写程序，实现标签的显示和隐藏，以及改变文字的字体和颜色。

设计的步骤如下：

（1）在窗体上添加 1 个标签和 3 个命令按钮，然后设置对象的属性，如图 2.4 所示。

图 2.4　例 2.3 的设计界面

将 3 个命令按钮的 Text 属性值设置为"改变文字颜色(&C)"、"隐藏标签(&H)"和"显示标签(&D)"，这样在程序运行时就可以使用访问键 Alt+C、Alt+H 和 Alt+D 来分别执行这三个命令。

（2）编写以下 4 个事件过程。为改变标签中的文字颜色，程序中采用随机函数 Rnd 和取整函数 Int（详见第 3 章）产生三个随机整数 r、g、b，再通过颜色函数 FromArgb 将三色合成作为标签的前景色。使用 Rnd 函数前，利用函数 Randomize() 来初始化随机数发生器。

```
Private Sub Form1_Load(…) Handles MyBase.Load
    Randomize()                                     '初始化随机数发生器
    Label1.Text = "计算机程序设计"                    '设定文本内容
    Label1.BackColor = Color.Yellow                 '标签背景色
    Label1.Font = New Font("宋体", 18)               '标签字体及大小
End Sub
Private Sub Button1_Click(…) Handles Button1.Click   '改变文字颜色
    Dim r, g, b As Integer                          '声明 3 个整型变量
    r = Int(255 * Rnd())                            '产生随机颜色码
    g = Int(255 * Rnd())
    b = Int(255 * Rnd())
    Label1.ForeColor = Color.FromArgb(r, g, b)      '三色合成 RGB 颜色
End Sub
Private Sub Button2_Click(…) Handles Button2.Click   '隐藏标签
    Label1.Visible = False
End Sub
Private Sub Button3_Click(…) Handles Button3.Click   '显示标签
    Label1.Visible = True
End Sub
```

2.3.4 文本框

文本框（TextBox）是一个文本编辑区域，既可接收用户的输入文本信息，又可显示输出文本信息。

1. 常用属性

① Text 属性：该属性为字符串类型，用于设置文本框中所包含的文本信息，默认值为空（没有内容）。

② Textlength 属性：表示文本框中文本的长度，即字符个数。

③ Maxlength 属性：设置用户可在文本框中键入的最大字符数。默认值为 32767。

④ MultiLine 属性：指定文本框中是否能够接收和显示多行文本。默认情况下该属性值为 False，表示文本框只能使用单行文本；当设定为 True 时，可以使用多行文本。该属性在属性窗口中进行设置才有效。

⑤ PasswordChar 属性：确定在文本框中是否显示用户输入的字符，常用于密码输入。当把该属性设置为某个字符，如 "*"，则以后用户输入到文本框中的任何字符都将以 "*" 替代显示，而在文本框中的实际内容仍是输入的文本，因此可作为密码使用。

⑥ ScrollBars 属性：确定在文本框中是否出现滚动条。默认值为 None，表示不出现滚动条。注意，使文本框出现滚动条的前提是 Multiline 属性必须设置为 True。

⑦ SelectionStart、Selectionlength 和 SelectedText 属性：这 3 个属性用来标识用户选定的文本，它们只在运行阶段有效。SelectionStart 表示选定文本的起始位置（第 1 个字符的起始位置为 0）；SelectionLength 表示选定文本的长度（字符数）；SelectedText 表示选定的文本内容。

⑧ ReadOnly 属性：设置文本框是否可以进行编辑修改。默认值为 False，表示文本框可以编辑修改；若设置为 True 时，表示文本框只读，用户不能在运行中直接更改文本框中的内容。

2．常用事件

文本框支持 Click、DoubleClick、TextChanged、GotFocus、LostFocus 等事件。

① TextChanged 事件：当用户输入新内容或当程序改变文本框中的内容，从而使文本框的 Text 属性值发生变化时，会触发文本框的 TextChanged 事件。向文本框输入一个字符，就会触发一次 TextChanged 事件。

② KeyPress 事件：当选定文本框时按下键盘上的某个按键会触发此事件。其事件过程格式如下：

```
Private Sub TextBox1_KeyPress(ByVal sender As Object,ByVal e As _
        System.Windows.Forms.KeyPressEventArgs) Handles TextBox1.KeyPress
    …
End Sub
```

借助 KeyPress 事件过程中的第 2 个参数 e 的 KeyChar 属性，可以返回按键的字符。例如，当用户键入字符"b"，e.KeyChar 的返回值为该字符"b"。

3．常用方法

① Clear：清除文本框中的所有文本。
② Copy：将文本框中当前选定的文本复制到"剪贴板"。
③ Cut：将文本框中当前选定的文本移动到"剪贴板"。
④ Paste：将"剪贴板"中的文本贴到文本框中的当前位置。
⑤ SelectAll：选定文本框中的所有文本。
⑥ Undo：撤销文本框中的上一个编辑操作。

图 2.5　例 2.4 的设计界面

【例 2.4】　编写程序，对文本框中文字实现复制、剪切及粘贴等操作。

如图 2.5 所示，在窗体上添加 1 个文本框和 3 个命令按钮。文本框的 MultiLine 设置为 True，ScrollBars 属性设置为 Vertical。

编写的 3 个事件过程如下。

```
Private Sub Button1_Click(…) Handles Button1.Click        '复制
    TextBox1.Copy()
End Sub
Private Sub Button2_Click(…) Handles Button2.Click        '剪切
    TextBox1.Cut()
End Sub
Private Sub Button3_Click(…) Handles Button3.Click        '粘贴
```

```
        TextBox1.Paste()
    End Sub
```

程序运行时，用户先向文本框输入一段文字，以作为程序处理的原始资料。然后就可以进行文字的编辑操作了。

2.4 焦点与 Tab 键序

1. 焦点

一个应用程序可以有多个窗体，每个窗体上又可以有很多对象，但用户任何时候只能操作一个对象。我们称当前被操作的对象获得焦点（Focus）。焦点是指对象接收鼠标或键盘输入的能力。当对象获得焦点时，才能接收用户的输入。

例如，程序运行时，如果用鼠标单击（即选定）文本框，光标就会在文本框内闪烁，则称该文本框获得焦点，此时用户可以向文本框输入信息。

大多数控件都可以获得焦点，但焦点在任何时候都只能有一个。改变焦点将触发焦点事件，当对象得到或失去焦点时，分别会引发 GotFocus 或 LostFocus 事件。

要将焦点赋给对象，有以下几种常用方法。

① 用鼠标选定对象。

② 按访问键选定对象。

③ 按 Tab 键或 Shift+Tab 键在当前窗体的各对象之间切换焦点。

④ 在代码中用 Focus 方法来设置焦点。例如：

```
    TextBox1.Focus()              '把焦点设置在文本框 TextBox1 中
```

但要注意，只有当对象的 Enabled 和 Visible 属性为 True 时，它才能接收焦点。

2. Tab 键序

Tab 键序是指用户按 Tab 键时，焦点在控件间移动的顺序。当向窗体中添加控件时，系统会自动按顺序为每个控件指定一个 Tab 键序。Tab 键序也反映在控件的 TabIndex 属性中，其属性值为 0，1，2，…。通过改变控件的 TabIndex 属性值，可以改变默认的焦点移动顺序。

【例 2.5】 如图 2.6 所示，在窗体上添加 3 个文本框，程序运行后，在第 1 个文本框中输入文字时，在另外两个文本框中显示同样相同的文字，但显示的字号和字体不同。单击"清除"按钮时则清除 3 个文本框中的内容。

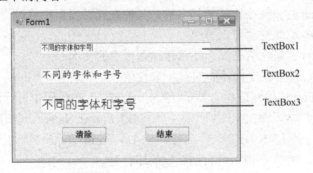

图 2.6　3 个文本框显示不同的文字效果

（1）为使开始运行时，焦点落在文本框 TextBox1 上，可在属性窗口中将该文本框的 TabIndex

属性设置为 0，或通过程序代码在该文本框中设置焦点 Focus，本例采用的是后者。

（2）编写的程序代码如下。

```
Private Sub Form1_Load(···) Handles MyBase.Load
    TextBox1.Font = New Font("宋体", 12)
    TextBox2.Font = New Font("楷体", 14)
    TextBox3.Font = New Font("幼圆", 16)
    TextBox1.Focus()                          '设置焦点
End Sub
Private Sub TextBox1_TextChanged(···) Handles TextBox1.TextChanged
    TextBox2.Text = TextBox1.Text
    TextBox3.Text = TextBox1.Text
End Sub
Private Sub Button1_Click(···) Handles Button1.Click     '清除
    TextBox1.Clear()
    TextBox1.Focus()
End Sub
Private Sub Button2_Click(···) Handles Button2.Click     '结束
    End
End Sub
```

程序运行时，光标在文本框 TextBox1 中闪烁，当用户从键盘上向文本框中输入一个字符时，就会触发一次 TextChanged 事件和执行 TextBox1_TextChanged 事件过程，则在文本框 TextBox2 和 TextBox3 中以不同的字体、字号显示出文本框 TextBox1 中的文字。

习题 2

一、单选题

1. VB.NET 是以结构化 BASIC 语言为基础，以_____作为运行机制的新一代可视化程序设计语言。

A）对象驱动　　　B）过程驱动　　　　C）窗体驱动　　　　D）事件驱动

2. 下列关于 Name 属性的叙述中，正确的是_____。

A）控件的 Name 属性指定控件的名称，只能在属性窗口中修改

B）控件的 Name 属性值可以为空

C）窗体的 Name 属性值是显示在窗体标题栏中的文本

D）可以在运行期间改变控件的 Name 属性值

3. 要使当前窗体 Form1 的标题栏上显示"学习 VB.NET"，在代码中进行设置，可以使用_____。

A）Me.Name= "学习 VB.NET"　　　　　　B）Form1.Name= "学习 VB.NET"

C）Me.Text= "学习 VB.NET"　　　　　　D）Form1.Text= "学习 VB.NET"

4. 在下列的窗体事件中，由系统自动触发的事件是_____。

A）Click　　　　　B）DoubleClick　　　C）MouseDown　　　D）Load

5. 如果要使命令按钮上面显示文字"关闭(C)"，则其 Text 属性应设置为_____。

A）关闭(C)　　　　　　　　　　B）关闭(C&)

C）关闭(&C)　　　　　　　　　　D）关闭(_C)

6．要触发一个命令按钮的 Click 事件，不能采用_____操作。

A）将焦点移至命令按钮上，再按回车键　　B）在命令按钮上单击鼠标左键

C）在命令按钮上单击鼠标右键　　　　　　D）使用命令按钮的访问键

7．为了使标签能够根据标签内容自动调整大小，应设置标签的_____属性为 True。

A）AutoSize　　　B）Text　　　　C）Enabled　　　　D）Visible

8．将文本框的_____属性设置为 False 时，则运行时文本框中的文本将变成灰色，并且此时用户不能将光标置于文本框内。

A）Visible　　　B）Enabled　　　C）ReadOnly　　　D）MultiLine

9．选定文本框中的所有文本的方法是_____。

A）SelectAll　　B）AllText　　C）SelectedLength　　D）SelectedText

10．有如下语句：

TextBox1.Text="Text"

则 TextBox1、Text、"Text"分别代表_____。

A）对象、值、属性　　　　　　　B）属性、对象、值

C）对象、属性、值　　　　　　　D）值、对象、属性

11．在窗体上已建立 1 个文本框 TextBox1，运行时单击窗体，在文本框中显示"你单击了窗体"，请完善下列事件过程。

Private Sub Form1_ _____(1)_____ (…) Handles Me.Click

　　TextBox1._____(2)_____ = "你单击了窗体"

End Sub

（1）A）Load　　　B）KeyPress　　C）Click　　　D）Activated

（2）A）Name　　　B）Text　　　　C）Value　　　D）SelectedText

12．下列叙述中，正确的是_____。

A）窗体和文本框都能响应 Load 事件

B）命令按钮能响应 Click 事件，也能响应 DoubleClick 事件

C）标签和文本框都能响应 Click 事件

D）标签和文本框都能显示文字，且在运行时都可由用户编辑这些文字

13．为了使焦点按照顺序在各个控件之间移动，应对控件的_____属性进行设置。

A）Enabled　　　B）TabStop　　C）Focus　　　D）TabIndex

14．在窗体上有 1 个文本框 TextBox1 和 1 个标签 Label1，程序运行后，如果在文本框中输入文字，则立即在标签中显示相同的内容。能够实现上述操作的事件过程是_____。

A）Private Sub TextBox1_Click(…) Handles TextBox1.Click

　　　　Label1.Text = TextBox1.Text

　　End Sub

B）Private Sub TextBox1_TextChanged(…) Handles TextBox1.TextChanged

　　　　Label1.Text = TextBox1.Text

　　End Sub

C）Private Sub Label1_Click(…) Handles Label1.Click

　　　　Label1.Text = TextBox1.Text

```
                End Sub
    D）Private Sub Label1_TextChanged(…) Handles Label1.TextChanged
                Label1.Text = TextBox1.Text
            End Sub
```

二、填空题

1. 对象的三要素是___(1)___、___(2)___和___(3)___。

2. 确定一个控件在窗体中的大小的属性是___(4)___和___(5)___。

3. 确定一个控件在窗体上的位置的属性是___(6)___和___(7)___。

4. 如果要在单击命令按钮 Button2 时执行一段代码，则应将这段代码写在___(8)___事件过程中。

5. 假设在窗体 Form1 上有一个名称为 Cmd1 的命令按钮，当单击该命令按钮时，在窗体的标题栏上显示"VB.NET 程序设计"。请完善下列事件过程。

```
        Private Sub___(9)___(…) Handles Cmd1.Click
            ___(10)___
        End Sub
```

6. 设置标签的___(11)___属性，可以调整标签中文本的对齐方式。

7. 要使命令按钮 Button3 具有焦点，应执行的语句是___(12)___。

8. 将文本框 TextBox2 的字体设置为楷体、20 磅、粗体，可以使用的语句是___(13)___。

9. 要对文本框中已有的内容进行编辑，按键盘上的键时不起作用，原因是设置了___(14)___属性为 True。

10. 假设在窗体 Form1 上有 1 个文本框 TextBox1、1 个标签 Label1 和 1 个命令按钮 Button1，并编有如下两个事件过程，程序运行时单击命令按钮，则在标签上显示的内容是___(15)___。

```
    Private Sub Form1_Load(…) Handles MyBase.Load
            TextBox1.Text = "Visual Basic"
    End Sub
    Private Sub Button1_Click(…) Handles Button1.Click
            TextBox1.SelectionStart = 2
            TextBox1.SelectionLength = 3
            Label1.Text = TextBox1.SelectedText
    End Sub
```

上机练习 2

1. 启动 VB.NET，新建一个 Windows 窗体应用程序项目，然后按以下步骤进行操作，练习如何在属性窗口中修改属性。

（1）在属性窗口中查看窗体 Form1 的 Name 属性和 Text 属性的值（应都默认为 Form1）。

（2）将 Name 属性值改为 MyForm1，Text 属性值改为"我的窗体"。

（3）将窗体的 BackColor 属性值改为 ActiveBorder 颜色，方法是：单击 BackColor 属性，在属性值右侧出现"▼"按钮，单击该按钮，弹出一个列表框，从中选择"系统"选项卡的 ActiveBorder 颜色。

（4）将窗体的 Size 属性的默认值（300，300）改为（400，400）。

（5）单击工具箱中的 TextBox 控件，在窗体上建立一个文本框 TextBox1。在 TextBox1 属性窗口中设置 Font 属性为楷体、16 磅和粗体。

（6）设置 TextBox1 的 Text 属性为"单行文本框"。

（7）用同样方法在窗体上建立另一个文本框 TextBox2。在 TextBox2 属性窗口中将 MultiLine 属性值设置为 True，将 Font 属性设置为宋体、五号字和粗体。

（8）设置 TextBox2 的 Text 属性，方法是：单击 Text 属性值右侧的"▼"按钮，打开一个文本编辑框，在编辑框内输入"多行文本框"及其他一些文字（由读者任意给定），如图 2.7 所示。

（9）执行"文件"菜单中的"全部保存"命令，打开"保存项目"对话框。在对话框中选择好保存"位置"（如"D:\VB\第 2 章"文件夹），在"名称"栏中输入"上机练习 2-1"，单击"保存"按钮，即可保存当前项目。

2．编写程序，设计界面如图 2.8 所示。程序运行后，当单击"窗体变大"命令按钮时，窗体变大，单击"窗体变小"命令按钮时，窗体变小。单击"结束"命令按钮时，则结束程序的运行。

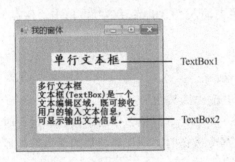

图 2.7　建立两个文本框

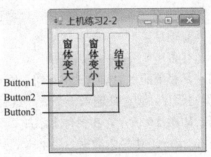

图 2.8　设计界面

分析：通过 Height（高）和 Width（宽）属性可以改变窗体的大小。若在 Height 和 Width 原有值的基础上增加若干个点（如 50 点），则窗体变大；若减少若干个点（如 50 点），则窗体变小。

执行"文件"菜单中的"新建项目"命令，新建一个 Windows 窗体应用程序项目，然后按以下步骤进行操作。

（1）在窗体 Form1 上添加 3 个命令按钮 Button1、Button2 和 Button3。

（2）在属性窗口中设置以下对象的属性：

● 将窗体 Form1 的 Text 属性设置为"上机练习 2-2"

● 将按钮 Button1 的 Text 属性设置为"窗体变大"

● 将按钮 Button2 的 Text 属性设置为"窗体变小"

● 将按钮 Button3 的 Text 属性设置为"结束"

（3）编写程序代码，建立事件过程。

双击窗体，切换到代码窗口，然后编写以下 4 个事件过程：

```
Private Sub Form1_Load(…) Handles MyBase.Load
        Me.Height = 400                    '设置高度
        Me.Width = 400                     '设置宽度
        Me.Top = 50                        '设置窗体到屏幕顶部的距离
        Me.Left = 50                       '设置窗体到屏幕左端的距离
```

```
        End Sub
        Private Sub Button1_Click(…) Handles Button1.Click        '窗体变大
            Me.Height = Me.Height + 50                            '每次增加 50 点
            Me.Width = Me.Width + 50
        End Sub
        Private Sub Button2_Click(…) Handles Button2.Click        '窗体变小
            Me.Height = Me.Height - 50                            '每次减少 50 点
            Me.Width = Me.Width - 50
        End Sub
        Private Sub Button3_Click(…) Handles Button3.Click        '结束
            End
        End Sub
```

（4）保存项目

单击工具栏上的"全部保存"按钮，打开"保存项目"对话框。在对话框中选择好保存"位置"（如"D:\VB\第 2 章"文件夹），在"名称"栏中输入"上机练习 2-2"，单击"保存"按钮，即可保存当前项目。

（5）运行程序

单击工具栏上的"启动调试"按钮，即可运行程序。

3．编写程序，使之能输入一个数，然后计算并输出该数的平方数。

分析：如图 2.9 所示，在窗体上添加 2 个标签、2 个文本框和 2 个命令按钮。运行时，用户在文本框 TextBox1 中输入数据，当单击"计算"命令按钮时，则计算该数的平方数并显示在文本框 TextBox2 中。单击"结束"按钮，结束程序的运行。

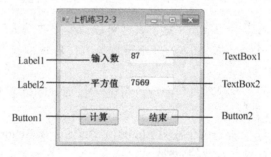

图 2.9　运行界面

执行"文件"菜单中的"新建项目"命令，新建一个 Windows 窗体应用程序项目，然后按以下步骤进行操作。

（1）如图 2.9 所示，在窗体 Form1 上添加所需的 6 个控件。

（2）在属性窗口中设置以下对象的属性：

● 将窗体 Form1 的 Text 属性设置为"上机练习 2-3"

● 将标签 Label1 和 Label2 的 Text 属性分别设置为"输入数"和"平方值"

● 将按钮 Button1 和 Button2 的 Text 属性分别设置为"计算"和"结束"

（3）编写程序代码，建立事件过程。

双击 Button1 按钮，切换到代码窗口，然后编写以下 2 个事件过程：

```
Private Sub Button1_Click(…) Handles Button1.Click   '计算
    Dim x, y As Single                          '声明 2 个 Single(单精度)类型的变量 x,y
    x = Val(TextBox1.Text)                       '将 TextBox1 中的数字字符串转换为数值，存放在 x 中
    y = x * x                                    '计算 x 的平方（也可写成 x^2），存放在 y 中
    TextBox2.Text = y                            '将 y 值显示在 TextBox2 文本框中
End Sub
Private Sub Button2_Click(…) Handles Button2.Click   '结束
    End
End Sub
```

（4）保存项目。

选择"文件"菜单中的"全部保存"命令，打开"保存项目"对话框。在对话框中选择好保存"位置"，在"名称"栏中输入"上机练习 2-3"，单击"保存"按钮，即可保存当前项目。

（5）运行程序。

选择"调试"菜单中的"启动调试"命令，即可运行程序。

4．编写程序，在窗体上添加 1 个标签 Label1 和 1 个命令按钮 Button1，在属性窗口中设置这两个控件的 Visible 属性均为 False，命令按钮的标题是"显示"。运行程序后，单击窗体时显示出命令按钮，再单击命令按钮时则显示标签，并在标签上显示"您已下达显示命令"。

第3章 程序代码设计基础

作为一门程序设计语言,其中两个重要的方面是数据及程序控制。数据是程序要处理的对象,处理的结果也用数据来表示和存储;而程序控制则是对程序运行流程的控制。本章主要介绍程序中的数据及运算,包括数据类型、常量、变量、表达式和函数等。

3.1 数据类型

在编写代码时,需要为其中用到的变量或常量指定数据类型,以便于系统分配相应的内存空间。不同的数据类型具有不同的存储方式、表示范围和处理方式。VB.NET 提供了多种基本数据类型,见表 3.1。

表 3.1 VB.NET 的基本数据类型

数 据 类 型	关 键 字	占 字 节 数	类 型 符	范 围
整型	Integer	4	%	-2 147 483 648～2 147 483 647
短整型	Short	2		-32 768～32 767
长整型	Long	8	&	$-2^{63} \sim 2^{63}-1$
单精度型	Single	4	!	-3.4E38～+3.4E38
双精度型	Double	8	#	-1.79E308～+1.79E308
十进制数型	Decimal	16	@	$-2^{92}-1 \sim 2^{92}-1$ (无小数时)
字节型	Byte	1		0～255
字符型	Char	2		单个 Unicode 字符
字符串型	String	可变动	$	0～20 亿个 Unicode 字符
逻辑型	Boolean	2		True 或 False
日期型	Date	8		1/1/0001～12/31/9999
对象型	Object	4		任何对象类型

说明: 初学者开始只要掌握最基本的数据类型,如整型(Integer)、单精度型(Single)、字符串型(String)、逻辑型(Boolean)、日期型(Date)等,其他数据类型粗略了解一下就行了。以后需要时,再重新查阅。

1. 数值数据类型

数值数据包括以下类型。

① 整型:存放整数,根据所表示的数的范围不同,又可分为整型(Integer)、短整型(Short)和长整型(Long)。

② 字节型:存放范围为 0～255 的无符号整数。

③ 实型:存放带有小数的数值,可以是普通的小数,如 3.14159,也可以是指数形式(也称科学计数法)表示的数。指数形式采用 10 的整数次幂表示数值,以 E(或 e)表示底数,例如,6.53E8(6.53×10^8)、-9.273E-14(-9.273×10^{-14})等。

实型又分为单精度型(Single)和双精度型(Double)。单精度型数可以表示 7 位有效数字,

· 34 ·

双精度型数可以表示 15 位有效数字，例如，要表示数字 1234567.8，不能用单精度型，而要用双精度型。

④ 十进制数型（Decimal）：用于对精确度有特别要求的重要场合（如金融方面的计算），最多支持 29 位有效数字。

2．字符数据类型

字符数据包括以下类型。

① 字符型（Char）：一般用于存储单个字符。如"A"、"c"等。

② 字符串型（String）：字符串是指用双引号""""括起来的一串字符。例如，"Canton"、"1+2=?"、"Good ⊔Morning"（⊔表示空格）、"程序设计方法"等都是字符串。其中双引号""""称为起止界限符，它不是字符串中的字符。

如果字符串中包含有双引号（如字符串 yes"no），则用连续双引号表示（如"yes""no"）。

字符串中包含的字符个数称为字符串长度。空字符串不含任何字符（即长度为 0），用一对双引号""表示。

字符串分为变长字符串和定长字符串。变长字符串的长度不固定，随着对字符串变量赋予新的字符串，它的长度可增可减。定长字符串的长度保持不变。在以后介绍中，若无特别声明，指的都是变长字符串。

说明：VB.NET 采用 UniCode 字符编码方式。UniCode 是全部用 2 个字节表示一个字符的字符集。在这种编码机制下，一个英文字母或汉字都看作是一个字符，长度为 1，所占用的存储空间均为 2 个字节。

3．逻辑型数据

逻辑型又称布尔型（Boolean），其数据只有 True（真）和 False（假）两个逻辑值。常用于表示逻辑判断的结果。

当把数值型数据转换为逻辑值时，0 会转换为 False，其他非 0 值转换为 True。把逻辑值转换为数值时，False 转换为 0，True 转换为-1。

4．日期型数据

日期型（Date)数据用来表示日期和时间。其中，日期部分的表示格式为 m/d/y，时间部分一般采用 h:m:s。它采用两个"#"符号把日期和时间的值括起来，就像字符型数据用双引号括起来一样，例如 #5/28/2017#、#17:2:10#、#5/28/2017 ⊔5:2:10 ⊔PM#。

5．对象型数据

对象型（Object）以 32 位的地址形式存储数据，可以指向任何数据类型。也就是说，如果将变量声明为 Object，就可以将任何类型的数据赋予该变量。

3.2　常量与变量

在程序运行期间，常量用来表示固定不变的数据，而变量则存储可能变化的数据。

3.2.1 常量

VB.NET 中有两种形式的常量：直接常量和符号常量。

1. 直接常量

直接常量是在程序代码中直接给出的数据。举例如下。

数值常量：321，-463，-85.32，12E-7

字符串常量："Visual Basic"，"13.57"，"02/01/1998"

逻辑值常量：True，False

日期常量：#9/11/2000#，#10/19/2017 8:25:00 PM#

在编写代码中，对于任意给定的一个常量，如何判断它属于哪一种类型？例如，数值 593 可能是整型，也可能是短整型或长整型。VB.NET 通常根据值的形式决定它的数据类型。在默认情况下，VB.NET 将整数值作为 Integer 类型处理（除非该整数大到必须用到 Long 类型表示），把实数值作为 Double 类型处理。

为了直接指明常量的类型，可以在常量后面加上类型符，例如，593&、5.4!、84.13@等。

2. 符号常量

在程序中往往多次用到某些常量（如圆周率 $\pi=3.14159$），为避免重复书写该常量，VB.NET 提供了符号常量。也就是说，用一个符号来代表一个常量（如 PI 来代表 3.14159）。这样可以提高程序的可读性和可维护性。

符号常量分为两大类，一类是系统内部定义的符号常量，可供用户随时调用，如 vbOK（"确定"按钮符）、vbCrLf（回车换行组合符）、Color.Red（红色）等。

另一类符号常量是用户用 Const 语句定义的，这类常量必须先声明后才能使用。Const 语句的语法格式如下：

Const 常量名[As 数据类型]=表达式

功能：将表达式表示的数据值赋给指定的符号常量。

常量名的命名规则与变量名相同。为了便于辨认，习惯上，符号常量名采用大写字母表示。以下是两个示例：

Const PI As Single=3.14159   '定义常量 PI，单精度数

Const MAX As Integer=876   '定义常量 MAX，整型数

注意，符号常量一经定义以后，在程序中就不能再改变它的值。

3.2.2 变量

变量是指在程序运行过程中，其值可以发生变化的量。变量代表内存中指定的存储单元，是程序中数据的临时存放场所。每个变量都有一个名字和数据类型，通过变量名可以引用这个变量，数据类型决定了该变量的存储形式。

1. 变量的命名规则

每个变量都有名字，给变量命名时应遵守以下规则。

① 变量名必须以字母、汉字或下画线开头，其后可以连接任意字母、汉字、数字和下画线的组合。

② 不能使用 VB.NET 的关键字。例如，For、Sub、End 等都是 VB.NET 的关键字，不能作为变量名。

③ 一般不使用 VB.NET 中具有特定意义的标识符，如函数名、属性名和方法名等，以免混淆。

④ VB.NET 不区分变量名中字母的大小写，如 Hello、HELLO、hello 指的是同一个名字。

例如，x、x1、total、txt1、_地址、姓名等都是合法的变量名，而 3c、t.1、_（单个下画线）、as 等都是不合法的变量名。

为变量命名时，最好使用有实际意义、容易记忆的变量名，例如用 average（或 aver)代表平均数，用 sum 代表总和。在本书的一些实例中，为简单起见，仍用单字母的变量名（如 a、b、c 等）。

2．变量的声明

使用变量前，一般要先定义变量名及其类型（即声明变量），以便系统为其分配存储单元。

用 Dim 语句可以声明变量，其语法格式如下：

    Dim 变量名[As 数据类型][=初始值]

其中，用方括号括起来的部分（也称为子句）表示是可选项。"As 数据类型"子句指定变量的数据类型，"=初始值"子句给声明的变量赋初始值。

示例：

Dim nam As String	'声明字符串变量 nam
Dim n As Integer, m As Long	'声明一个整型变量 n 和一个长整型变量 m
Dim sum, total As Long	'声明名为 sum, total 的两个长整型变量
Dim score As Single=78.5	'声明单精度变量 score，初始值为 78.5
Dim x,y As Short = 1	'出错

说明：

① 在用 Dim 语句声明一个变量后（无 "=初始值"子句），VB.NET 系统会自动为该变量赋初值。若变量是数值类型，则初值为 0；若变量为变长字符串类型，则初值为空字符串。

② 可以使用数据类型符来声明变量类型。例如，前面两个声明语句也可写成：

    Dim nam$

    Dim n%, m!

③ 若同时省略了 "As 数据类型"和 "=初始值"这两个子句，则所声明的变量默认为 Object 对象类型。例如：

    Dim value   '默认为 Object 对象类型变量

④ 除用 Dim 语句声明变量外，还可以用 Public、Private 等语句来声明变量，但作用有些差异，详见第 8 章介绍。在使用变量之前，采用 Dim、Public、Private 等语句来预先声明变量，称为显式声明变量。

在 VB.NET 默认状态下，系统对使用的变量都要求显式声明。当使用没有声明的变量时，系统将发出错误警告（该变量名下方有波浪线）。

3．变量的基本特点

变量在程序运行期间扮演了非常重要的角色。初学者要熟练地掌握变量的基本特点和使用方法，力求在编程中把它用好用活。

① "可变"：一个变量某个时刻只能存放一个值，当将某个数据存放到一个变量时，就会把变量中原有的值"冲"掉，换成新的值。例如，以下两条赋值语句：

a = 3

a = 8

执行第 1 条赋值语句"a=3"时，将 3 存放到变量 a 中。再执行第 2 条赋值语句"a=8"时，就把 a 中原有的值 3"冲"掉，换成新值 8。

因此，同一变量在程序运行的不同时刻可以取不同的值。

② "取之不尽"：程序中可使用变量进行各种运算。在运算过程中，如果没有改变该变量的值，那么，不管使用变量的值进行多少次运算，其值始终保持不变。例如：

x = 5

a = 3 + x

b = x*x − 4*x

变量 x 在后两条语句中被多次使用，但它始终保持原有值 5，因为变量值被读出后，其值没有被改变。

3.3 表达式

VB.NET 中有 4 类表达式：算术表达式、字符串表达式、关系表达式和逻辑表达式。本节介绍前 2 类表达式，后 2 类表达式将在第 5 章介绍。

3.3.1 算术表达式

算术表达式也称数值表达式，由数值型的常量、变量、函数、算术运算符等组成，其运算结果是一个数值。

VB.NET 有 8 种算术运算符，如表 3.2 所示。

表 3.2 算术运算符

运 算 符	名 称	优 先 级	例 子
^	幂运算	1	a^b
−	取负	2	−a
*, /	乘，除	3	a*b, a/b
\	整除	4	a\b
Mod	求余的模运算	5	a Mod b
+, −	加，减	6	a+b, a−b

同一表达式中若有两个同优先级的运算符，则运算顺序从左到右。有括号时括号内优先。

① 幂运算用来计算乘方和方根。例如，2^5 表示 2 的 5 次方，而 2^(1/2)或 2^0.5 是计算 2 的平方根。

② /和\的区别：1/2=0.5，1\2=0，整除号\用于整数除法。在进行整除时，如果参加运算的数含有小数，则将它们四舍五入，使其成为整型数或长整型数，然后再进行运算，其结果截尾成整型数或长整型数。

③ 取模运算符 Mod 用于求余数，其结果为第一个操作数整除第二个操作数所得的余数。如

果操作数带小数，则返回除法运算的实数余数。运算结果的符号取决于第一个操作数。例如：

    9 Mod 7   '结果为 2

    16 Mod 25   '结果为 16

    9.5 Mod 2   '结果为 1.5

④ 在表达式中乘号不能省略，如 a*b 不能写成 ab(或 a•b)，(a+b)*(c+d)不能写成(a+b)(c+d)。

⑤ 括号不分大、中、小，一律采用圆括号。圆括号可以嵌套使用，即在圆括号的里面再套圆括号，但层次一定要分明，左圆括号和右圆括号要配对。例如，可以把 x[x(x+1)+1]写成 x*(x*(x+1)+1)。

以下是一些算术表达式的例子。

平常写法	算术表达式
$5x^{10}+\dfrac{x}{6}+\sqrt[3]{x}$	5*x^10+x/6+x^(1/3)
$(-3)^5+\dfrac{4}{ab}$	(−3)^5+4/(a*b)
$8\sin x^3-\sin^2 x$	8*Sin(x^3) − Sin(x)^2

【例 3.1】 计算算术表达式 2 + 3 * 4 Mod 16.52\4.32/2 的值。

根据运算符的优先级，该表达式的计算步骤如下：

① 计算乘除，得到 2 + 12 Mod 16.52\2.16。

② 计算整除（\），得到 2 + 12 Mod 8。

③ 求余运算（Mod），得到 2 + 4。

④ 求和运算，得到表达式的最后结果为 6。

3.3.2　字符串表达式

字符串表达式是通过字符串连接符将字符串型的常量、变量、函数等连接起来的式子。字符串连接符有两个：&和+，它们的作用都是将两个字符串连接起来，合并成一个新的字符串。例如：

    "计算机"&"软件"   '结果是："计算机软件"

    "Windows"&98   '结果是："Windows98"

    "Windows"+98   '错误

    "123"+"45"   '结果是："12345"

使用"+"实现字符串连接时，要求其前后两个操作数都必须是字符串，而使用"&"实现字符串连接时，却没有这样的要求，因为"&"运算符能自动将其前后的操作数都转换成对应的字符串。

建议使用"&"实现字符串的连接，但在输入代码时，变量与运算符"&"之间应加一个空格，如 a ⊔ &b 而不能是 a&b。这是因为符号"&"还是长整型的类型符，如果变量与符号"&"接在一起（如 a&），VB.NET 就会把它作为一个长整型变量处理，因而出现语法错误。

3.4　常用内部函数

函数是一段程序代码，能完成一种特定的运算。VB.NET 中有两类函数：内部函数和用户自定义函数。用户自定义函数就是用户根据需要定义的函数，也就是第 8 章所要介绍的 Function 过程。

内部函数也称标准函数，是由 VB.NET 系统提供的。这些内部函数使用非常方便，用户不必了解函数内部的处理过程，只需给出函数名和适当的参数，就能得到它的函数值。例如要计算 x 的平方根，只要写出：

    y=Sqrt(x)

其中，Sqrt 是内部函数名，x 为参数，运行时该语句调用内部函数 Sqrt 来求 x 的平方根，其计算结果由系统返回作为 Sqrt 的值。

VB.NET 的内部函数大体上分为四大类：数学函数、字符串函数、日期与时间函数和转换函数。

说明：本节介绍的函数较多，读者不妨先粗略看过，以后用到某函数时，再回过头来仔细体会它的功能和用法。

3.4.1　数学函数

数学函数用于各种数学运算，如计算平方根、求三角函数、求对数等。VB.NET 的数学函数集成在 System 命名空间的 Math 类中。使用这些函数时，需在其函数名前面加上"Math."（如 Math.Sin(x)），或者在程序代码模块的开头（声明段）使用如下语句：

    Imports System.Math

以后在使用时可省略"Math."（如写成 Sin(x)）。

说明：.NET 框架提供了巨大的类库，该类库包含了设计应用程序所需要的大量的类及其成员。为便于用户使用系统提供的资源，微软公司通过命名空间把类库划分为不同的组，将功能相近的类划分到相同的命名空间中，这些命名空间名包括 System、System.Io、System.Data 等。

Math 类提供的几种常用数学函数如表 3.3 所示。

表 3.3　常用数学函数（Math 类提供）

函　数	功　能	例　子	结　果
Abs(x)	取 x 的绝对值	Abs(−4.6)	4.6
Sqrt(x)	求 x 的平方根	Sqrt(9)	3
Sin(x)	求 x 的正弦值	Sin(30*3.14/180)	0.499···
Cos(x)	求 x 的余弦值	Cos(60*3.14/180)	0.500···
Tan(x)	求 x 的正切值	Tan(60*3.14/180)	1.729···
Atan(x)	求 x 的反正切值	4*Atan(1)	3.14159···
Exp(x)	求 e（自然对数的底）的幂值	Exp(x)	e^x
Log(x)	求 x 的自然对数值	Log(10)	2.302···
Max(x,y)	求两个数中较大的一个数	Max(7,9)	9
Min(x,y)	求两个数中较小的一个数	Min(7,9)	7
Sign(x)	返回数值 x 的符号值	Sign(5) Sign(0) Sign(−5)	1 0 −1

说明：三角函数的自变量单位是弧度，如 Sin47° 应写成 Sin(47*3.14159/180)。

【例 3.2】　给定一个 x 值，计算 $y=\sqrt{x^2+x^3}$ 。

设计步骤如下：

① 新建一个 Windows 窗体应用程序项目，在窗体上添加 2 个标签、2 个文本框和 1 个命令按钮，如图 3.1 所示，并设置相应的属性。

② 编写命令按钮 Button1 的 Click 事件过程，代码如下：

```
Imports System.Math              '在窗体文件的常规声明段中引入 System.Math 类
Public Class Form1
    Private Sub Button1_Click(…) Handles Button1.Click   '计算
        Dim x, y As Single
        x = Val(TextBox1.Text)    'Val 是转换函数，将数字字符串转换为数值
        y = Sqrt(x ^ 2 + x ^ 3)   '调用 Math 类中的 Sqrt 函数
        TextBox2.Text = y         '将结果显示在文本框 TextBox2 中
    End Sub
End Class
```

运行程序后，在文本框 TextBox1 中输入一个数（如 23），单击"计算"按钮，就可以得到计算结果，如图 3.1 所示。

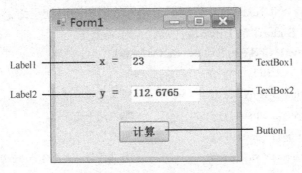

图 3.1　例 3.2 的运行界面

3.4.2　字符串函数

字符串函数用于字符串处理，如字符串的查找、比较、截取等。表 3.4 列出了常用的字符串函数。

表 3.4　常用字符串函数

函　数	功　　能	例　子	结　果
Len(字符串)	取字符串长度	Len("ABCD")	4
Left(字符串,n)	取左边 n 个字符	Left("ABCD",3)	"ABC"
Right(字符串,n)	取右边 n 个字符	Right("ABCD",3)	"BCD"
Mid(字符串,p[,n])	从第 p 个开始取 n 个字符	Mid("ABCDE"，2，3)	"BCD"
Instr([n,]字符串 1,字符串 2[,k])	从字符串 1 中第 n 个位置开始查找字符串 2 出现的起始位置。省略 n 时默认 n 为 1。找不到时返回 0	Instr("ABabc","ab") Instr(3,"abcab","ab")	3 4
StrDup(n,字符)	生成 n 个字符	StrDup(4, "*") StrDup(3, "abc")	"****" "aaa"
Space(n)	生成 n 个空格	Space(5)	5 个空格
Ltrim(字符串)	去掉左边空格	Ltrim("⊔⊔AB⊔")	"AB⊔"
Rtrim(字符串)	去掉右边空格	Rtrim("⊔⊔AB⊔")	"⊔⊔AB"
Trim(字符串)	去掉左、右边空格	trim("⊔⊔AB⊔")	"AB"
Lcase(字符串)	转成小写	Lcase("Abab")	"abab"
Ucase(字符串)	转成大写	Ucase("Abab")	"ABCD"

使用字符串函数的几点说明。

① 在函数 Mid 中，若省略 n，则得到的是从 P 开始的往后所有字符，如 Mid("ABCDE", 2) 的结果为"BCDE"。

② 对于 Left 和 Right 函数，因为函数名与窗体的 Left 和 Right 属性名称相同，为避免混乱，在使用时必须使用类名对其限定，如 Strings.Left("abcd", 2)。

③ 在函数 Instr 中，n 和 k 均为可选参数，n 表示开始搜索的位置（默认值为 1），k 表示比较方式，若 k 为 0（默认），则表示区分大小写；若 k 为 1，则表示不区分大小写。例如，Instr(3, "A12a34A56", "A")的结果为 7，而 Instr(3, "A12a34A56", "A", 1)的结果为 4。

【例 3.3】 给定一个字符串，然后从字符串中取出头、尾各一个字符，将这两个字符连接并显示出来。

（1）新建一个 Windows 应用程序项目，在窗体上添加 2 个标签、2 个文本框和 1 个命令按钮，如图 3.2 所示，并设置相应的属性。

2 个文本框 TextBox1 和 TextBox2 分别用于输入数据和输出处理结果。

（2）编写命令按钮 Button1 的 Click 事件过程，代码如下：

```
Private Sub Button1_Click(…) Handles Button1.Click        '处理
    Dim str1, str2, str3 As String
    str1 = Trim(TextBox1.Text)              '读取文本框的输入内容，去掉左、右边空格
    str2 = Strings.Left(str1, 1)            '取左边一个字符
    str3 = Strings.Right(str1, 1)           '取右边一个字符
    TextBox2.Text = str2 & str3             '合并后显示在文本框 TextBox2 中
End Sub
```

运行程序后，在文本框 TextBox1 中输入一个字符串（如"BASIC"），单击"处理"按钮，就可以得到处理结果，如图 3.2 所示。

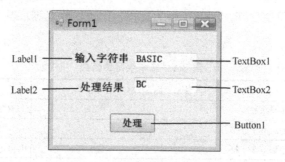

图 3.2　例 3.3 的运行界面

3.4.3　日期/时间函数

日期/时间函数用于进行日期和时间的处理。表 3.5 列出常用的日期/时间函数。

表 3.5　日期/时间常用函数

函　数	功　能	例　子	结　果
Today	返回系统日期	Today	示例：2017/9/29
TimeOfDay	返回系统时间	TimeOfDay	示例：17:03:28
Now	返回系统日期和时间	Now	示例：2017/9/29 17:03:28
Day(日期)	返回日数	Day(#2/27/2017#)	27

函　　数	功　　能	例　　子	结　　果
Month(日期)	返回月份数	Month(#2/27/2017#)	2
Year(日期)	返回年度数	Year(#2/27/2017#)	2017
Weekday(日期)	返回星期几(1～7)	Weekday(#2/27/2017#)	2
Hour(时间)	返回小时数(0～23)	Hour(#8:3:28 PM#)	20
Minute(时间)	返回分钟数(0～59)	Minute(#8:3:28 PM#)	3
Second(时间)	返回秒数(0～59)	Second(#8:3:28 PM#)	28

说明：①函数 Weekday 返回值 1～7，依次表示星期日到星期六；②使用 Day 函数时，为避免与系统的 Day 关键词混淆，需要使用类名对其限定，如 DateAndTime.Day(Today)。

3.4.4　转换函数

转换函数用于数据类型的转换。表 3.6 列出了常用的转换函数，这些函数可以直接调用。

表 3.6　转换函数

函　　数	功　　能	例　　子	结　　果
Val(x)	将数字字符串 x 转换为数值	2+Val("12")	14
Str(x)	将数值转换为字符串，字符串首位表示符号	Str(5)	"⊔5"
Asc(x)	求字符串中首字符的 ASCII 码	Asc("AB")	65
Chr(x)	将 x(ASCII 码)转换为字符	Chr(65)	"A"
Int(x)	取不大于 x 的最大整数	Int(99.8) Int(−99.8)	99 −100
Fix(x)	取 x 的整数部分	Fix(99.8) Fix(−99.8)	99 −99
Hex(x)	把十进制数 x 转换为十六进制数	Hex(31)	"1F"
Oct(x)	把十进制数 x 转换为八进制数	Oct(20)	"24"

说明：

① Val 函数将数字字符串转换为数值型数字时，自动将字符串中的空格去掉，并依据字符串中排列在前面的数值常量来定值，例如：

　　　　Val("12A12")的值为 12，以前面 12 来定值

　　　　Val("1.2e2")的值为 120，1.2e2 是指数形式的数

　　　　Val("bc12")的值为 0，前面部分不是数值形式，函数值为 0

可以看出，当字符串中出现数值字符串之外的字符（如字母 A 等）时，停止转换，函数返回的是停止转换前的结果。

② Str 函数将数值转换为字符串，字符串首位表示符号（正数用空格表示）。例如，Str(-32)的值为"-32"，而 Str(32)的值为"⊔32"。

③ Chr 和 Asc 互为反函数，即 Chr(Asc())、Asc(Chr())的结果为原来各自自变量的值，例如，Chr(Asc(65))的结果还是 65。关于字符的 ASCII 码，请见附录 A。

3.4.5　其他实用函数

1. Format 函数

函数格式：Format(表达式[，格式串])

功能：根据"格式串"规定的格式来输出表达式的值。

其中，"表达式"为要输出的内容，可以是数值、日期/时间或字符串类型表达式；"格式串"表示输出表达式时采用的输出格式，不同数据类型所采用的格式串是不同的。

数值类格式串的常用符号及其含义如表 3.7 所示。

表 3.7 数值类格式串的常用字符及其含义

字　符	功　能
#	数字占位符，显示 1 位数字，如 121.5 采用格式"###"，显示为 122（后一位四舍五入）
0	数字占位符，前、后会补足 0，如 121.5 采用格式"000.00"，显示为 121.50（后一位四舍五入）
.	小数点
%	数值乘以 100，加上百分号
,	千位分隔符
E-，E+	科学记数法格式
-，+，$	负号、正号及美元符号，可以原样显示

对于符号#、0，若数值的小数位数多于格式串的位数，按四舍五入处理。

以下是几个简单的示例：

Format(12345.6, "##,###.##")	'结果为字符串"12,345.6"
Format(12345.6, "0000000")	'结果为字符串"0012346"
Format(12345.6, "$####,#.00")	'结果为字符串"$12,345.60"
Format(12345.67, "+####,#.#")	'结果为字符串"+12,345.7"
	'逗号可放在小数点左边的任何位置(数字占位符的中间)
Format(123.45, "0.000E+00")	'结果为字符串"1.235E+02"

对于日期/时间型和字符串型的"格式串"符号，请参考 VB.NET 帮助文件，这里不再介绍。

2．随机函数

在编写程序时，有时需要产生一定范围内的随机数，这就要用到随机函数和随机函数初始化语句。所谓随机数是人们不能预先估计到的数。

（1）随机函数 Rnd

语法格式：Rnd ([x])

该函数产生一个在 0～1（包含 0）之间的单精度随机数，一般省略参数 x。

通常把 Rnd 函数与 Int 函数配合使用，例如 Int(4*Rnd( )+1)可以产生[1,4]区间内的随机整数，也就是说，该表达式的值可以是 1，2，3 或 4，这由 VB.NET 运行时随机给定。

要生成[a,b]区间内的随机整数，可以使用公式：

Int((b–a+1)*Rnd()+a)

（2）随机函数初始化语句 Randomize

语法格式：Randomize [n]

该语句用于初始化随机数生成器，一般省略参数 n。

默认情况下，每次运行一个应用程序，Rnd 都会产生相同序列的随机数。Randomize 语句可以使随机函数 Rnd 产生不同序列的随机数，因此一般在使用 Rnd 之前，都要先执行 Randomize 语句。

【例 3.4】 两位数加法运算。通过随机函数产生 2 个两位数，求这 2 个数之和，并将运算式显示出来。

（1）分析：①利用 Rnd 和 Int 函数，随机产生 2 个两位数，其表达式见下面代码；②通过字符串表达式来生成运算式，其中字符串常量用双引号括起来。

（2）如图 3.3 所示，在窗体上添加 1 个文本框 TextBox1 和 1 个命令按钮 Button1。

（3）编写命令按钮的 Click 事件过程，代码如下：

```
Private Sub Button1_Click(…) Handles Button1.Click        '显示
    Dim a, b, c As Integer, s As String
    Randomize()                                           '初始化随机数生成器
    a = Int(90 * Rnd() + 10)                              '随机产生 10～99 的两位数
    b = Int(90 * Rnd() + 10)
    c = a + b                                             '求两数之和
    s = a & " + " & b & " = " & c                         '用字符串表达式生成运算式
    TextBox1.Text = s
End Sub
```

运行时单击"显示"按钮，显示结果如图 3.3 所示。

在运行状态下，用户多次单击"显示"按钮，每次都可以得到新的随机数及和数。

图 3.3   例 3.4 的运行界面

3.5   代码的书写规则

程序是由一系列语句组成的。语句是执行具体操作的指令，它又由关键字、函数、表达式等组成。以下是书写语句的一些简单规则。

① 严格按照语句的语法格式规定来书写语句，否则会产生程序错误。例如，语句：

    Dim x, y As Single

如果将逗号写错了，变成：

    Dim x; y As Single

则会产生语法错误。

② 通常一行写一条语句。如果在同一行中写多条语句，语句之间要用冒号":"作为分隔符号，例如：

    Sum=Sum+x : Count=Count+1

③ 有时一个语句很长，一行写不下，可使用续行符（一个空格后面加一个下画线"_"），将长语句分成多行。例如：

    TextBox1.Text = TextBox2.Text & TextBox3.Text & TextBox4.Text & TextBox5.Text _
                    &Strings.Left(TextBox6.Text,3)

④ 代码中使用的字母不区分大小写。为便于阅读，系统会自动将关键字的首字母变为大写，其余字母均转换成小写，例如，输入"dim x as string"，回车后自动转变为"Dim x As String"。如果注意到这一点，将有助于判断是否输错关键字。

⑤ 在编写程序代码时，常使用左缩进来体现代码的层次关系，例如：

```
Private Sub Button1_Click(…) Handles Button1.Click
        Dim a As Integer
        a = Val(InputBox("输入 a 的值"))
        If a<0 Then
            MsgBox("a<0")
        Else
            MsgBox("a>=0")
        End If
End Sub
```

⑥ 各关键字之间，关键字和变量名、常量名、过程名等之间一定要有空格分隔。例如，"If a<0 Then"不能写成"Ifa<0Then"。

在编写代码过程中，VB.NET 系统会自动对代码中的语句进行简单的格式化处理，如自动缩进、运算符与操作数之间加上间隔、自动对齐等。

习题 3

一、单选题

1. 下列各项中，_____不是常量。

    A）1E-3　　　　　B）13　　　　　　C）"abc"　　　　　D）X1*3

2. 下列①各项中，可以作为变量名的是_____；②各项中，_____不能作为变量名。

    ① A）a1_0　　　　B）Dim　　　　　C）K6/600　　　　D）CD[1]

    ② A）ABCabc　　　B）xy12　　　　　C）18AB　　　　　D）Name1

3. 空字符串是指_____。

    A）长度为 0 的字符串　　　　　　B）只包含空格字符的字符串

    C）长度为 1 的字符串　　　　　　D）不定长的字符串

4. 使用变量 x 存放数据 12345678.987654，应该将 x 声明为_____类型。

    A）单精度(Single)　　　　　　　B）双精度(Double)

    C）长整型(Long)　　　　　　　　D）短整型(Short)

5. 表达式 33 Mod 17\3*2 的值为_____。

    A）10　　　　　　B）1　　　　　　C）2　　　　　　D）3

6. 如果 a，b，c 的值分别是 3，2，−3，则下列表达式的值是_____。

    Abs(b + c) + a*Int(Rnd() + 3) + Asc(Chr(65 + a))

    A）10　　　　　　B）68　　　　　　C）69　　　　　D）78

7. 设 m="morning"，下列_____表达式的值是"mor"。

    A）Mid(m,5,3)　　B）Left(m,3)　　C）Right(m,3)　　D）Mid(m,3,1)

8. 设 a="12345678"，则表达式 Val(Left(a, 4) + Mid(a,4,2))的值是_____。

A）123456　　　　　B）8　　　　　　C）123445　　　　　D）6

9. 在下列函数中，_____函数的执行结果与其他 3 个不一样。

　　A）Str(555)　　　　　　　　　　B）StrDup(3, "5")

　　C）Left("55555"，3)　　　　　　D）Right("5555"，3)

10. 设变量 a 的值为 −2，则_____函数的执行结果与其他 3 个不一样。

　　A）Val("a")　　　　B）Int(a)　　　　C）Fix(a)　　　　D）−Abs(a)

11. 假设 Button1 是某一个命令按钮的名称，下列语句中错误的是_____。

　　A）Button1.Height = 50　　　　　　B）Button1.Focus()

　　C）Button1.Text = 结束(&E)　　　　D）Button1.BackColor = Color.Red

12. 设 x=10，y=20，要求生成一个字符串变量 s，其值为"10*20=200"，其中数字字符由变量 x、y 或表达式来表示，可用_____语句。

　　A）s = "x*y="& x*y　　　　　　　　B）s = "x"&"*"& y &"= & x*y"

　　C）s = x &"*"& y &"="& x*y　　　　D）s = x + "*" + y + "=" + x*y

13. 已知 x=Space(1)，要产生 3 个空格，可以采用_____函数。

　　A）Right(x, 3)　　　　　　　　　B）Space(3*x)

　　C）StrDup(3, x)　　　　　　　　 D）3 * x

14. 要求一个正整数 n 整除以 8 所得的余数，不可以采用_____。

　　A）n Mod 8　　　　　　　　　　B）n-Fix(n/8)*8

　　C）n-Int(n/8)*8　　　　　　　　D）n-Int(n\8)

二、填空题

1. 把下列数学式写成 VB.NET 算术表达式。

① $a^2 - \dfrac{3ab}{3+a}$ 写成___(1)___

② $\dfrac{2+xy}{2-y^2}$ 写成___(2)___

③ $\sqrt[8]{x^3} + \sqrt{y^2 + 4\dfrac{a^2}{x+y^3}}$ 写成___(3)___

2. 要产生 [50,55] 区间内的随机整数，采用的 VB.NET 表达式是___(4)___。

3. 写出下列表达式的值。

① Val("153") − Val("12+34")的值是___(5)___。

② 7 Mod 3 + 8 Mod 5*1.2 − Int(Rnd())的值是___(6)___。

③ Val("120") + Asc("abc") − Instr("JKLHG", "LH")的值是___(7)___。

④ Len(Chr(70) + Str(0)) + Asc(Chr(67))的值是___(8)___。

⑤ Mid(Trim(Str(345)), 2)的值是___(9)___。

⑥ Year(Now) −Year(Today)的值是___(10)___。

4. 下列语句执行后，s 的值是___(11)___。

```
t ="数据库管理系统"
s =Strings.Right(t, 2) + Mid(t, 4, 2) + Strings.Left(t, 3)
```

5. 在代码窗口中，VB.NET 关键字的默认颜色是___(12)___。

6. 输入代码时，系统会自动将关键字的首字母转换成___(13)___。如果注意到这一点，将有助于判断输入的关键字是否正确。

7. 在代码窗口中，对于有语法错误的关键字，系统会用蓝色___(14)___线标示。

上机练习 3

1. 设计一个日历钟表，当单击窗体时，显示当前系统的年、月、日、星期及时间，如图 3.4
所示。

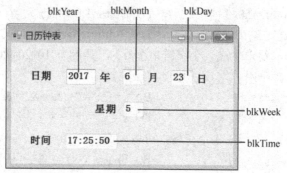

图 3.4　日历钟表

执行"文件"菜单中的"新建项目"命令，新建一个 Windows 窗体应用程序项目，然后按
以下步骤进行操作：

（1）如图 3.4 所示，在窗体 Form1 上添加 11 个控件，即 6 个标签（Label1～Label6）和 5 个
文本框（TextBox1～TextBox5）。

（2）在属性窗口中设置以下对象的属性：

● 将窗体 Form1 的 Text 属性设置为"日历钟表"。

● 选定所有的控件（按住 Shift 键的同时逐一单击控件），通过 Font 属性将所有控件的字体
　设置为"粗体"和"五号"字。

● 设置标签 Label1～ Label6 的 Text 属性分别为"日期"、"年"、"月"、"日"、"星期"和
　"时间"。

● 设置文本框 TextBox1～TextBox5 的 Name 属性分别为"blkYear"、"blkMonth"、"blkDay"、
　"blkWeek"和"blkTime"，见图 3.4。

说明：在本书的大多数程序中，控件的 Name 属性一般采用系统默认的属性值，如 TextBox1、
TextBox2、Label1、Button1 等，本题要求修改控件的 Name 属性值，其目的是使读者熟悉这一操
作方法。

（3）编写窗体的 Click 事件过程，代码如下：

```
Private Sub Form1_Click(…) Handles Me.Click

        Dim d As Date = Today

        blkYear.Text = Year(d)

        blkMonth.Text = Month(d)

        blkDay.Text = DateAndTime.Day(d)

        blkWeek.Text = Weekday(d) – 1

        blkTime.Text = TimeOfDay

End Sub
```

（4）保存项目

执行"文件"菜单中的"全部保存"命令，打开"保存项目"对话框。在对话框中选择好保存"位置"，在"名称"栏中输入"上机练习3-1"，单击"保存"按钮，即可保存当前项目。

（5）运行程序

选择"调试"菜单中的"启动调试"命令，即可运行程序。

2．输入圆的半径，计算该圆的周长及面积。

要求：设计界面如图 3.5 所示。运行时，通过文本框输入圆的半径，单击"计算"按钮，计算圆周长及圆面积，结果显示在下方两个文本框中。

3．编写程序，在第 1 个文本框中输入一串字符（长度大于 2），单击"处理"按钮时，去掉该字符串的头、尾部各一个字符，处理结果显示在第 2 个文本框中。如输入"ABCDEF"，则输出"BCDE"。

4．编写一个复制文本的演示程序，设计界面如图 3.6 所示。

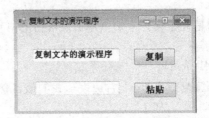

图 3.5　第 2 题的设计界面　　　　图 3.6　第 4 题的设计界面

要求：

（1）程序刚运行时 2 个命令按钮均不能使用（灰色）。

（2）当选定文本框内文本之后，"复制"按钮能够使用。

（注：用鼠标选定文本后会触发 MouseUp 事件，见第 10 章的 10.1 节）。

（3）单击"复制"按钮后，只有"粘贴"按钮能够使用。

（4）单击"粘贴"按钮后，把已选定的文本复制到下面的文本框上，并使 2 个命令按钮不能使用。

第4章 顺序结构程序设计

VB.NET 融合了面向对象和结构化编程的两种设计思想，在界面设计时使用各种控件对象，并采用事件驱动机制来调用相对应的事件过程，而在事件过程中使用结构化程序设计方法编写代码。

结构化程序设计方法有三种基本控制结构，它们是顺序结构、选择结构和循环结构，各种复杂的程序就是由若干个基本结构组成的。

顺序结构是这三种结构中最基本的结构，其特点是程序按语句出现的先后次序执行。本章介绍顺序结构程序设计的基本概念及常用语句。

4.1 赋值语句

赋值语句是程序设计中最基本、最常用的语句，用于给变量赋值或设置对象的属性。其语法格式如下：

> 变量名=表达式

功能：计算赋值号 "=" 右边表达式的值，然后把值赋给左边的变量。

例如：

```
sum = 99                        '把数值 99 赋值给变量 sum
y = 5*a^4 + 3*a+5               '已知 a，计算表达式，将结果赋值给变量 y
TextBox1.Text = "程序设计"      '把字符串赋值给控件 TextBox1 的 Text 属性
```

说明：

① 表达式中的变量必须是赋过值的，否则变量的初值自动取零值（字符串变量取空字符）。

例如：

```
a=1
c=a+b+3                         'b 未赋过值，为 0
```

执行后，c 值为 4。

② 赋值语句跟数学中等式具有不同的含意。例如，以下两条赋值语句：

```
x= 2
x=x+1
```

第 1 条语句将数值 2 赋值给变量 x。第 2 条语句把变量 x 的当前值加上 1 后，再将结果赋值给变量 x，因为 x 的当前值为 2，则执行这条语句后，x 的值为 3。而数学中 $x=x+1$ 是不成立的。

由此可见，变量出现在赋值号的右边和左边，其用途是不相同的。出现在右边表达式中时，变量是参与运算的元素（其值被读出）；出现在左边时，变量起存放表达式值的作用（被赋值）。

③ 在一般情况下，要求表达式的结果类型与变量的类型保持一致。在某些情况下，系统会按一定规则自动对表达式的结果类型进行转换。例如：

```
Dim a, b, c As Integer, s As String
a = 1.5                         '转换 1.5 为整型数 2（四舍五入），再赋值给 a
b = "ABC"                       '出错
c = "123"                       '将数字字符串转换为数值，再赋值
```

s = 456   '转换为字符串"456"，再赋值

④ VB. NET 提供了几种复合赋值运算符，用来缩写赋值语句。如+=、-=、*=、\=、/=、^=、&=等都是复合赋值运算符。例如：

x+= 5   等价于   x = x + 5

a*= 8   等价于   x = x * 8

y/=x+4 等价于   y = y/(x+4)

复合赋值运算符的使用，可以简化程序代码，还可以提高对程序编译的效率。

【例 4.1】 输入三角形的 3 条边 a,b,c 的长度，求三角形的面积 s。

求解的公式如下：$s = \sqrt{p(p-a)(p-b)(p-c)}$ ，$p = (a+b+c)/2$

设计步骤如下：

（1）新建一个 Windows 窗体应用程序项目，参照图 4.1 设计界面。

窗体上 3 个文本框 TextBox1、TextBox2 和 TextBox3 分别用于输入 3 条边的长度，其 TabIndex 属性分别设置为 0、1 和 2。当程序运行时，焦点先落在 TextBox1 上，在其中输入数值后按一下 Tab 键，焦点切换到 TextBox2，其余类推。

（2）编写命令按钮 Button1 的 Click 事件过程，代码如下：

```
Private Sub Button1_Click(…) Handles Button1.Click        '计算
    Dim a, b, c, p, s As Single
    a = Val(TextBox1.Text)                                '读取边长值
    b = Val(TextBox2.Text)
    c = Val(TextBox3.Text)
    p = (a + b + c) / 2
    s = Math.Sqrt(p * (p - a) * (p - b) * (p - c))
    TextBox4.Text = s                                     '把结果显示在 TextBox4 中
End Sub
```

运行程序后，输入三角形的 3 条边长，单击"计算"按钮，就可以得到计算结果，如图 4.1 所示。

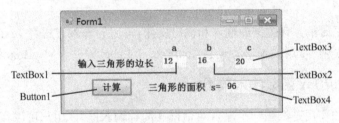

图 4.1　例 4.1 的运行界面

上述 Button1_Click 事件过程采用的是顺序程序结构，运行时从上到下顺序执行语句，一共使用了 6 条赋值语句。

4.2　注释、结束与暂停语句

1. 注释语句 Rem

为了提高程序的可读性，通常应在程序的适应位置加上必要的注释。

语法格式：Rem 注释内容　　或　　'注释内容

功能：在程序中加入注释内容，以便于对程序的理解。

例如：

　　Rem 交换变量 a 和 b 的值

　　　　c=a　　　　　'借助于第 3 个变量

　　　　a=b

　　　　b=c

说明：

① 如果使用关键字 Rem，在 Rem 和注释内容之间要加一个空格。

② 注释语句（Rem 或'）可以直接写在其他语句后面，语句之间至少要加一个空格。

2. 结束语句 End

语法格式：End

功能：结束程序的运行。

当执行 End 语句时，当前程序就会终止运行，清除所有变量，并关闭所有数据文件。为了保证程序的完整性，应当在程序中含有 End 语句，并通过执行 End 语句来正常结束程序的运行。

3. 暂停语句 Stop

在调试程序中，有时希望程序运行到某一语句后暂停，以便让用户检查运行中某些动态信息。暂停语句就是用来完成这一功能的。

语法格式：Stop

功能：暂停程序的运行。

Stop 语句可以在程序中设置断点，常用于调试程序。在程序调试完毕之后，应删除程序中的所有 Stop 语句。

4.3　数据的输入与输出

一个完整的程序通常含有数据的输入和输出操作。常用的输入方式有 TextBox 控件、InputBox 函数、MsgBox 函数等。常用的输出方式有 TextBox 和 Label 控件、MsgBox 函数等。

4.3.1　用 InputBox 函数输入数据

InputBox 函数的作用是产生一个输入对话框（简称输入框），用户可以在输入对话框中输入一个数据，单击对话框的"确定"按钮或按回车键时，输入的数据将作为函数值返回。返回值为字符串类型。

InputBox 函数的一般语法格式如下：

　　变量=InputBox(提示[, 标题][, 默认值])

其中：

① 必选项"提示"指定在对话框中显示的文本，用来提示用户输入。如果要使"提示"文本换行显示，可在换行处插入回车符(Chr(13))、换行符(Chr(10))或系统符号常量 vbCrLf，可以使显示的文本换行。

② 可选项"标题"指定对话框的标题。

③ 可选项"默认值"显示在输入对话框的文本框中，在没有输入内容时作为默认值。

例如：

    fname=InputBox("输入文件名(不超过 8 个字符)","文件名","vbfile")

将产生一个如图 4.2 所示的输入对话框。当用户在对话框中输入文本后单击"确定"按钮或按回车键时，输入的文本将返回给变量 fname。若用户单击"取消"按钮，则返回的将是一个空字符串。

如果把上述语句改为：

    fname=InputBox("输入文件名" & vbCrLf & "(不超过 8 个字符)", "文件名", "vbfile")

则是把"提示"内容分为"输入文件名"和"(不超过 8 个字符)"两行显示，如图 4.3 所示。

图 4.2 输入对话框

图 4.3 "提示"内容分行显示

【例 4.2】 编写程序，通过 InputBox 函数输入一个华氏温度，然后将其转换为摄氏温度并输出。转换公式为 $C = 5/9 *(F-32)$，显示结果保留两位小数。

如图 4.4 所示，在窗体上添加 1 个标签 Label1 和 1 个命令按钮 Button1，标签用于显示温度转换结果。

编写按钮 Button1 的 Click 事件过程，代码如下：

```
Private Sub Button1_Click(…) Handles Button1.Click        '转换
    Dim f, c As Single, s As String
    f = Val(InputBox("输入华氏温度"))
    c = 5 / 9 * (f - 32)
    s = "输入的华氏温度为：" & Format(f, "00.00") & vbCrLf
    s = s & "转换成摄氏温度为：" & Format(c, "00.00")
    Label1.Text = s
End Sub
```

运行时单击"转换"按钮，弹出一个如图 4.6 所示的输入对话框。当用户在对话框中输入"90"后单击对话框的"确定"按钮或按回车键，输入的字符串将传递给程序。最后在标签上显示出处理结果，如图 4.5 所示。

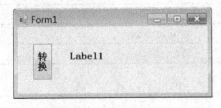
图 4.4 例 4.2 的设计界面

图 4.5 例 4.2 的运行界面

图 4.6　弹出的输入框

说明：①InputBox 函数值是一个字符串，因此代码中通过 Val 函数将其转换为数值；②标签可以显示多行信息，只需在换行处插入换行控制符（本例为 vbCrLf）。

4.3.2　用 MsgBox 函数输出数据

使用 MsgBox 函数，可以产生一个对话框（又称为消息框），在对话框中显示消息内容（示例如图 4.7 所示），等待用户选择一个按钮，并返回一个数值以确定用户选择了哪个按钮。其语法格式是：

      变量= MsgBox(提示[, 按钮值][, 标题])

其中：

①"提示"指定在消息框中显示的文本，用来提示用户操作。在"提示"文本中使用回车符(Chr(13))、换行符(Chr(10))或系统符号常量 vbCrLf，可以使显示的文本换行。

②"标题"指定了消息框的标题。

图 4.7　消息对话框示例

③"按钮值"指定了消息框中出现的按钮和图标，该值包含了 3 种参数，其取值和含意见表 4.1、表 4.2 和表 4.3。

表 4.1　参数 1——出现按钮

值	符 号 常 量	显示的按钮
0	vbOKOnly	"确定"按钮
1	vbOKCancel	"确定"和"取消"按钮
2	vbAbortRetryIgnore	"中止"、"重试"和"忽略"按钮
3	vbYesNoCancel	"是"、"否"和"取消"按钮
4	vbYesNo	"是"和"否"按钮
5	vbRetryCancel	"重试"和"取消"按钮

表 4.2　参数 2——图标类型

值	符 号 常 量	显示的图标
16	vbCritical	停止(×)图标
32	vbQuestion	问号(?)图标
48	vbExclamation	感叹号(!)图标
64	vbInformation	消息(i)图标

表 4.3　参数 3——默认按钮

值	符 号 常 量	默认的活动按钮
0	vbDefaultButton1	第 1 个按钮
256	vbDefaultButton2	第 2 个按钮
512	vbDefaultButton3	第 3 个按钮

可以将这些参数值（每组值只取一个）相加生成一个组合的按钮值。例如：

    y=MsgBox("输入的文件名是否正确", 52, "请确认")

也可写成：

    x = vbYesNo + vbExclamation + vbDefaultButton1

    y=MsgBox("输入的文件名是否正确", x, "请确认")

显示的消息框如图 4.7 所示。

其中，52=4+48+0 表示：显示两种按钮（"是"和"否"）、采用感叹号（!）图标和指定第 1 个按钮为默认的活动按钮。

④ MsgBox 返回值指明了用户在对话框中选择了哪一个按钮，如表 4.4 所示。

表 4.4　函数返回值

返　回　值	符　号　常　量	所对应的按钮
1	vbOK	"确定"按钮
2	vbCancel	"取消"按钮
3	vbAbort	"终止"按钮
4	vbRetry	"重试"按钮
5	vbIgnore	"忽略"按钮
6	vbYes	"是"按钮
7	vbNo	"否"按钮

⑤ 如果省略了某一选项，必须加入相应的逗号分隔符，例如：

    y=MsgBox("输入的文件名是否正确", , "请确认")

⑥ 若不需要返回值，则可以使用 MsgBox 的语句格式：

    MsgBox(提示[, 按钮值][, 标题])

【例 4.3】 利用输入框输入姓名，然后在消息框中显示出来。

通过窗体的 Click 事件过程来实现，代码如下：

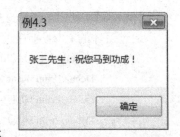

图 4.8　例 4.3 的运行结果

```
Private Sub Form1_Click(…) Handles Me.Click
    Dim x As String
    x = InputBox("输入您的姓名", "您叫什么名?")
    MsgBox(x & "先生:祝您马到功成! ")
End Sub
```

运行时单击窗体，弹出一个输入框，当用户在输入框中输入"张三"并单击"确定"按钮时，输入的内容将赋值给变量 x，接着执行函数 MsgBox，显示结果如图 4.8 所示。

【例 4.4】 使用 MsgBox 函数返回值的示例。

要求：如图 4.9（a）所示，在窗体上添加一个"退出"命令按钮（Button1），运行中单击该命令按钮时，打开一个含有"确定"和"取消"按钮的消息框，如图 4.9（b）所示，单击消息框的"确定"按钮则退出程序，单击"取消"按钮则取消操作。

下面代码利用了 If 语句（详见 5.2 节），以实现对返回值的判断，从而确定用户单击的是哪个按钮并决定程序的下一步走向。程序代码如下：

```
Private Sub Button1_Click(…) Handles Button1.Click        '退出
    Dim ans As Integer
```

```
        ans = MsgBox("是否退出程序？", vbOKCancel + vbQuestion, "确认")
        If ans = vbOK Then                              '判断返回值是否为"确定"按钮值
            End                                         '若是，则退出程序
        End If
    End Sub
```

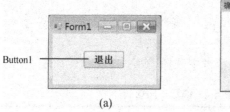
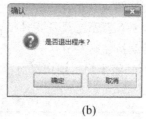

(a)   (b)

图 4.9　例 4.4 的运行界面

4.3.3　用其他方法输出数据

在学习程序设计语言或在调试程序的过程中，经常需要临时输出某些数据，以检查或验证所编写的代码段是否正确。此时，可利用 Debug.Print 等方法将数据直接输出到即时窗口，而无须在窗体上添加文本框、标签等控件来显示数据。

使用 System.Diagnostics.Debug 类下的 Print、Write 及 WriteLine 方法，语法格式如下：

    Debug.Print(表达式)

    Debug.Write(表达式)

    Debug.WriteLine(表达式)

这 3 种方法都能将表达式的值输出到即时窗口上。其区别在于，Debug.Write 方法输出数据时不包括换行符，而 Debug.Print 和 Debug.WriteLine 方法包括换行符，即每次的输出显示为单独的一行。

【例 4.5】　使用 Print 方法的示例。

通过窗体的 Click 事件过程来实现，代码如下：

```
    Private Sub Form1_Click(…) Handles Me.Click
        Debug.Print("Print 方法将表达式的值输出到即时窗口上")
        Debug.Print("欢迎" & StrDup(5, "*") & "使用")
        Debug.Print("欢迎" & Space(5) & "使用")
    End Sub
```

运行时单击窗体，在即时窗口中输出结果，如图 4.10 所示。

图 4.10　即时窗口的显示结果

说明：运行程序后，如果即时窗口已经关闭，可以执行"调试"→"窗口"菜单中的"即时"命令将其打开。如果需要清除即时窗口中的显示内容，可以右击该窗口，从快捷菜单中执行"全部清除"命令。

4.4 程序举例

【例 4.6】通过 InputBox 函数输入一个两位数，然后交换该两位数的个位数和十位数的位置，把处理后的数通过即时窗口显示出来。如输入数是 36，处理结果为 63。

分析：处理的关键是从两位数 x 中分离出十位数字和个位数字。十位数字 a 可采用表达式 Int(x /10) 或 x\10 求出，个位数字 b 可采用表达式 x Mod 10 或 x – 10*a 求出。

通过窗体的 Click 事件过程来实现，代码如下：

```
Private Sub Form1_Click(…) Handles Me.Click
    Dim x, a, b, c As Integer
    x = Val(InputBox("输入两位数"))          '输入两位数
    a = Int(x/10)                            '求十位数
    b = x Mod 10                             '求个位数
    c = b * 10 + a                           '生成新的两位数
    Debug.Print("处理结果：" & c)            '把处理结果显示在即时窗口中
End Sub
```

运行时单击窗体，弹出一个输入框，当用户在输入框中输入一个两位数（如 59）后单击"确定"按钮，就可以从即时窗口中得到处理结果：95。

【例 4.7】 电子邮件地址一般由用户名和主机域名两部分组成，编写程序实现从一个邮件地址中分离出用户名和主机域名，如从 "zsuhdh@163.com" 中分离出用户名 "zsuhdh" 和主机域名 "163.com"。通过文本框输入和输出数据。

（1）分析：假设通过文本框输入的邮件地址为 x，先从 x 中找出字符 "@"，再以此字符为界拆分成两个子字符串。查找 "@" 字符可以使用函数 InStr(x, "@") 来实现。

（2）参照图 4.11 设计界面，其中 3 个文本框分别用于输入电子邮件地址和输出用户名及主机域名。

图 4.11 例 4.7 的运行界面

（3）编写命令按钮 Button1 的 Click 事件过程，代码如下：

```
Private Sub Button1_Click(…) Handles Button1.Click      '处理
    Dim x, a, b As String, p As Integer
    x = Trim(TextBox1.Text)                  '去掉左、右两边的空格
    p = InStr(x, "@")                        '查找字符@，得到@的位置
    a = Strings.Left(x, p – 1)               '取@左边部分
    b = Mid(x, p + 1)                        '取@右边部分
    TextBox2.Text = a                        '显示用户名
    TextBox3.Text = b                        '显示主机域名
```

End Sub

运行程序后，在文本框 TextBox1 中输入 "zsuhdh@163.com"，单击 "处理" 按钮，处理结果如图 4.11 所示。

【例 4.8】 编写程序，实现两个文本框内容及颜色的交换。

（1）分析：交换两个文本框中的内容，以及交换两个变量的值，都必须借助于另一个变量（假设为 txt）。先将第 1 个文本框的内容暂存于 txt，再将第 2 个文本框的内容存入第 1 个文本框，最后将 txt 值存入第 2 个文本框。

（2）如图 4.12 所示，在窗体上添加 2 个文本框和 1 个命令按钮。

（3）编写 2 个事件过程代码。在 Form1_Load 事件过程中，设置两个文本框的属性初始值，即 Text 属性值分别为 "红字文本框" 和 "绿字文本框"，前景色为红色和绿色。

程序代码如下：

```
Private Sub Form1_Load(…) Handles MyBase.Load
    TextBox1.Text = "红字文本框"              '设置属性初始值
    TextBox2.Text = "绿色文本框"
    TextBox1.ForeColor = Color.Red
    TextBox2.ForeColor = Color.Green
End Sub
Private Sub Button1_Click(…)Handles Button1.Click    '交换
    Dim txt As String, col                '变量 col 采用默认的 Object 数据类型
    txt = TextBox1.Text
    TextBox1.Text = TextBox2.Text
    TextBox2.Text = txt
    col = TextBox1.ForeColor              '用对象型(Object)变量来引用颜色值
    TextBox1.ForeColor = TextBox2.ForeColor
    TextBox2.ForeColor = col
End Sub
```

运行程序后，每单击一次 "交换" 按钮，都会对两个文本框的内容及颜色交换一次。运行界面如图 4.12 所示。

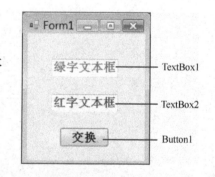

图 4.12 例 4.8 的运行界面

习题 4

一、单选题

1. 赋值语句 s=s+1 的正确含义是_____。
   A）变量 s 的值与 s+1 的值相等　　　B）将变量 s 的值保存到 s+1 中去
   C）将变量 s 的值加 1 后赋给变量 s　　D）变量 s 的值为 1
2. 下列_____是一个合法的赋值语句。
   A）x=2m　　　　　　　　　　　　B）y = "正确答案是："x
   C）3=x-1　　　　　　　　　　　　D）x = ((x − 1) / 2 − 3) / 4
3. 假设已使用如下变量声明语句：
   Dim date_1 As Date

则为变量 date_1 正确赋值的语句是_____。

A）date_1 = Month(#1/1/2000#)　　　B）date_1 = #1/1/2000#

C）date_1 = 1/1/2000　　　D）date_1 = #"1/1/2000"#

4．要清除文本框 TextBox1 中的内容，使之内容为空字符串，不可以采用_____。

A）TextBox1.Clear()　　　B）TextBox1.Text= Space(0)

C）TextBox1.Text=""　　　D）TextBox1.Text= Space(1)

5．执行下列程序段，在即时窗口中显示_____。

```
Dim a, b As Short
a=0 : b=1
a=a+b : b=a+b : Debug.Print(a & Space(2) & b)
a=a+b : b=a+b : Debug.Print(a & Space(2) & b)
a=b-a : b=b-a : Debug.Print(a & Space(2) & b)
```

A）1 2	B）3 5	C）1 2	D）1 2
3 4	2 3	3 4	3 5
3 4	1 2	2 3	2 3

6．下列语句执行后，在即时窗口中显示_____。

```
Debug.Print("Sqrt(16)=" & Math.Sqrt(16))
```

A）Sqrt(16)=Sqrt(16)　　　B）Sqrt(16)=4

C）"4="4　　　D）4=Sqrt(16)

7．已知字符串变量 a 和 b 的值分别为"12"和"34"，下列语句能显示"34-12"的是_____。

A）Debug.Print(Val(b) -Val(a))

B）Debug.Print(b-a)

C）Debug.Print(b & Chr(Asc("-")) & a)

D）Debug.Print(Asc(a) + "-" +Asc(b))

8．有以下程序代码，运行结果是_____。

```
Const st As String ="ABCD"
st = "123"
st = st + "6"
```

A）正常运行　　　B）常量 st 的值为"1236"

C）常量 st 的值为"ABCD1236"　　　D）显示出错信息

9．假定有如下的命令按钮 Button1 事件过程：

Private Sub Button1_Click(…)Handles Button1.Click

```
    Dim a As String
    a =InputBox("请输入", "输入数据")
    MsgBox("请确认", , "数据内容： " & a)
```

End Sub

运行时单击命令按钮，然后在输入框中输入 21，则以下叙述中错误的是_____。

A）InputBox 函数返回数值 21

B）输入框的标题是"输入数据"

C）消息框的标题是"数据内容：21"

D）消息框中显示的是"请确认"

10. 设窗体上有 1 个文本框 TextBox1，且窗体的 Click 事件过程如下：

Private Sub Form1_Click(⋯) Handles Me.Click

    Dim x As String

    x = InputBox("输入一个整数")

    MsgBox(x + TextBox1.Text)

End Sub

程序运行后，在文本框中输入 12，然后单击窗体，在输入框中输入 34，则在消息框中显示的内容是＿＿＿＿＿。

    A）46   B）1234   C）3412   D）12

二、填空题

1. 执行语句 Debug.Print(Format(123.5, "$000,#.##″))的输出结果是＿＿＿(1)＿＿＿。

2. 在窗体上已经建立了 1 个文本框 TextBox1 和 1 个标签 Label1，然后编写如下两个事件过程：

Private Sub Form1_Click(⋯) Handles Me.Click

    TextBox1.Text = InputBox("请输入一个字符串")

End Sub

Private Sub TextBox1_TextChanged(⋯) Handles TextBox1.TextChanged

    Label1.Text = UCase(Mid(TextBox1.Text, 6))

End Sub

程序运行时单击窗体，弹出一个输入框，如果在输入框中输入"Microsoft"，则在文本框中显示的内容是＿＿＿(2)＿＿＿，在标签中显示的内容是＿＿＿(3)＿＿＿。

3. 显示如图 4.13 所示的输入框（其中文本框的内容为"李四"），语句是＿＿＿(4)＿＿＿。

图 4.13　要显示的输入框

4. 显示如图 4.14 所示的消息框，并指定"中止"按钮为默认活动按钮，语句是＿＿＿(5)＿＿＿。

图 4.14　要显示的消息框

5. 在窗体上建立两个文本框 TextBox1 和 TextBox2，并编写如下事件过程：

Private Sub TextBox1_KeyPress(⋯) Handles TextBox1.KeyPress

    Dim Strc As Char

```
        Strc = UCase(e.KeyChar)
        TextBox2.Text = StrDup(3, Strc)
    End Sub
```
运行程序后,在文本框 TextBox1 中键入"a"键,则在文本框 TextBox2 中显示的内容是 __(6)__ 。

上机练习 4

1. 输入 1 个三位数,求出该数的倒序数,如输入数为 123,则倒序数为 321。

要求:如图 4.15 所示设计界面,运行时在文本框 TextBox1 中输入 1 个三位数,单击"求倒序数"按钮时,处理结果显示在文本框 TextBox2 中。

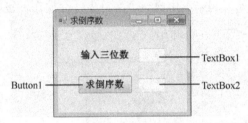

图 4.15　求倒序数

根据要求,某学生编写按钮 Button1 的 Click 事件过程如下:

```
Private Sub Button1_Click(…) Handles Button1.Click    '求倒序数
    Dim x, y, a, b, c As Integer
    x = Val(TextBox1.Text)
    a = x Mod 100                                      '求百位数
    b = x \10 Mod 10                                   '求十位数
    c = x \ 10                                         '求个位数
    y = c * 100 + b * 10 + a                           '生成倒序数
    TextBox2.Text = y                                  '显示倒序数
End Sub
```

该程序代码有错需要修改,请从下列修改选项中选择一个或多个正确选项,并对修改后的程序进行上机验证。

A）第 4 行语句 a = x Mod 100 应改为 a = x \ 100

B）第 5 行语句 b = x \10 Mod 10 应改为 b = Int(x / 100) – a*10

C）第 6 行语句 c = x \ 10 应改为 c = x Mod 10

D）第 7 行语句 y = c * 100 + b * 10 + a 应改为 y = a * 100 + b * 10 + c

2. 计算机总评成绩由两部分组成:笔试成绩和上机考试成绩。编写程序实现以下效果,运行时单击窗体,分别用 InputBox 函数输入笔试成绩和上机考试成绩(均为百分制成绩),计算总评成绩,并将结果显示在消息框中。

计算公式:总评成绩 = 笔试成绩*0.6 + 上机考试成绩*0.4(结果四舍五入取整数)

输出结果的格式:总评 xx(笔试 xx,机试 xx)

3. 已知一个字符串中含有 2 个星号"*"及其他字符,要求将夹在这两个星号之间的子字符串抽取出来,例如输入的字符串是"A*123*B",处理结果为"123"。参照图 4.16 设计界面。

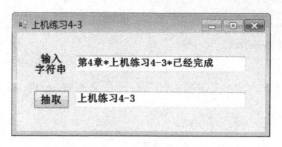

图 4.16　第 3 题的运行界面

4. 编写程序，在标签中显示如图 4.17 所示的图案。

提示：（1）利用 Space 和 StrDup 函数可以生成空格和字符，用控制符 vbCrLf 可以换行；（2）逐次将各行字符连接（&）起来，生成一个字符串，存放在标签中。

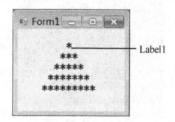

图 4.17　第 4 题要显示的图案

第5章　选择结构程序设计

用顺序结构编写的程序比较简单，只能实现一些简单的处理。在实际应用中，有许多问题需要判断某些条件，根据判断的结果来控制程序的流程。使用选择结构的程序，可以实现这样的处理。

VB.NET 中实现选择结构的语句主要有：If 条件语句和 Select Case 选择语句。

5.1　条件表达式

使用选择结构语句时，要用条件表达式来描述条件。条件表达式可以分为两类：关系表达式和逻辑表达式。条件表达式的取值为逻辑值：True（真）和 False（假）。

5.1.1　关系表达式

关系表达式（也称为关系式）是用一个比较运算符把两个表达式连接起来的式子。表 5.1 列出了 VB.NET 中常用的比较运算符及关系表达式的示例。

表 5.1　比较运算符及关系表达式例子

运　算　符	名　　称	关系表达式例子	结　　果
<	小于	3<8	True
<=	小于等于	"2"<="4"	True
>	大于	6>8	False
>=	大于等于	7>=9	False
=	等于	"ac"="a"	False
<>	不等于	3<>6	True
Is	比较对象变量		

说明：

① 所有比较运算符的优先级都相同，运算时按其出现的顺序从左到右执行。

② 比较运算符两侧可以是数值表达式或字符串表达式，也可以是作为表达式特例的常量、变量或函数，但两侧的数据类型必须一致。

③ 字符数据按其 ASCII 码值进行比较。比较两个字符串时，先比较两个字符串的第 1 个字符，其中字符大的字符串大。如果第 1 个字符相同，则取第 2 个字符比较以决定它们的大小，其余类推。

例如：

"A"小于"B"

"A"小于"a"

"ABC"大于"AB2"

"ABC"大于"AB"

④ Is 用来比较两个对象的引用变量，主要用于对象操作。

5.1.2 逻辑表达式

逻辑表达式是用逻辑运算符把关系式或逻辑值连接起来的式子。例如，数学式 1≤x<3 可以表示为逻辑表达式 1<=x And x<3。

VB.NET 中的常用逻辑运算符有 And（与）、Or（或）、Not（非）、Xor（异或）4 种，其真值表如表 5.2 所示。

表 5.2 真值表

A	B	A And B	A Or B	Not A	A Xor B
True	True	True	True	False	False
True	False	False	True	False	True
False	True	False	True	True	True
False	False	False	False	True	False

以下是逻辑表达式的示例：

Not(1<3)	'1<3 为 True，再取反，结果为 False
5<=5 And 4<5+1	'两个关系表达式为 True，结果为 True
"3"<="3" Or 5>2	'结果为 True

说明：

① 逻辑表达式的运算顺序是：先进行算术运算或字符串运算，再做比较运算，最后进行逻辑运算。括号优先，同级运算从左到右执行。

② 有时一个逻辑表达式里还包含多个逻辑符，例如：

3<>2 And Not 4<6 Or "12"="123"

运算时，按 Not、And、Or、Xor 的优先级执行。上述逻辑表达式中，进行比较运算后，先进行 Not 运算，则有：真 And 假 Or 假，再进行 And 运算，后进行 Or 运算，结果为假（False）。

【例 5.1】 判断某一年是否为闰年的条件：年号（y）能被 4 整除，但不能被 100 整除；或者能被 400 整除。用逻辑表达式来表示这个条件，可写成：

(y Mod 4=0 And y Mod 100<>0) Or (y Mod 400=0)

也可写成：

(Int(y/4)=y/4 And Int(y/100)<>y/100) Or (Int(y/400)=y/400)

说明：若条件 y Mod n=0（或 Int(y/n)=y/n）成立，则 y 能被 n 整除。

5.2 If 条件语句

If 条件语句有多种形式，包含了单分支、双分支和多分支。

5.2.1 单分支的条件语句

单分支条件语句只有一个分支，其流程图如图 5.1 所示。该语句有两种格式：单行结构和块结构。

① 单行结构格式：

  If 条件 Then 语句组

② 块结构格式：

  If 条件 Then

    语句组

  End If

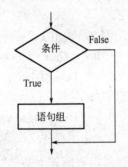

图 5.1 单分支条件语句流程图

功能：若"条件"成立（值为 True），则执行 Then 后面的语句组，否则不执行。

"条件"是一个关系式或逻辑表达式。"语句组"也称语句序列，可以是一条或多条语句。在单行结构中，如果语句组包含多条语句，语句之间要用冒号":"隔开。

注意：在块结构中的 End If 表示语句的结束，输入时不能把 End 和 If 写在一起（如 EndIf），中间至少留一个空格，否则程序语法检查时会出错。其他语句如 End Select，End Sub，End Do 等，单词之间也要留空格。

示例 1：如果满足条件 cj<60，则执行语句 y=y+cj，采用的单行结构的条件语句如下。

  If cj<60 Then y=y+cj

也可以采用如下的块结构条件语句：

  If cj<60 Then

    y=y+cj

  End If

示例 2：当条件成立时，如果要执行多条语句，则可以采用单行结构，也可以采用块结构。单行结构示例：

  If cj>=60 Then n=n+1:y=y+cj

若采用块结构，上述语句可以写成：

  If cj>=60 Then

    n=n+1

    y=y+cj

  End If

5.2.2 双分支的条件语句

双分支条件语句有两个分支，其流程图如图 5.2 所示。该语句也有两种格式：单行结构和块结构。

① 单行结构格式：

  If 条件 Then 语句组 1 Else 语句组 2

② 块结构格式：

  If 条件 Then

    语句组 1

  Else

    语句组 2

  End If

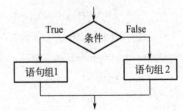

图 5.2 双分支条件语句流程图

功能：若"条件"成立（值为 True），则执行 Then 后面的语句组 1；否则执行 Else 后面的语句组 2。

示例3：输出 x、y 两个数中的较大数。采用块结构如下：

```
If x>y Then
    Debug.Print(x)
Else
    Debug.Print(y)
End If
```

也可以写成如下的单行结构：

```
If x>y Then Debug.Print(x) Else Debug.Print(y)
```

【例 5.2】 输入 3 个数，求其中的最大数。

（1）分析：假设这 3 个数分别为 a，b，c，并设置变量 m 来保存较大数，处理流程图如图 5.3 所示。先比较 a、b 两个数的大小，将其中的较大数存放在变量 m 中，然后比较 m、c 两个数的大小，若 c 大于 m，则将 c 值赋给 m，否则不必处理。经过两次比较后，m 值就是最大数。

（2）如图 5.4 所示，在窗体上添加 4 个标签、4 个文本框和 1 个命令按钮。文本框 TextBox1、TextBox2 和 TextBox3 用于输入 3 个数，TextBox4 用于输出最大数。

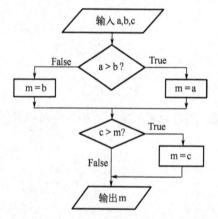

图 5.3 求 3 个数中最大数的流程图

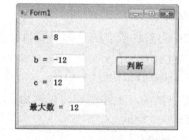

图 5.4 例 5.2 的运行界面

（3）编写"判断"命令按钮的 Click 事件过程，代码如下：

```
Private Sub Button1_Click(…) Handles Button1.Click          '判断
    Dim a, b, c, m As Integer
    a = Val(TextBox1.Text)
    b = Val(TextBox2.Text)
    c = Val(TextBox3.Text)
    If a > b Then
        m = a                                               'm 用来存放较大值
    Else
        m = b
    End If
    If c > m Then m = c
    TextBox4.Text = m
```

End Sub

运行程序后，当输入的 a、b、c 分别为 8、-12、12 时，输出结果如图 5.4 所示。

5.2.3　多分支的条件语句

在条件语句中，Then 和 Else 后面的语句组中也可以包含另一个条件语句，这就形成条件语句的嵌套。利用条件语句的嵌套可以实现多分支选择。

① 一般嵌套格式

根据应用的需要，可以使用多种形式的嵌套结构，以下是一个示例。

```
If  条件 1 Then
      If  条件 2 Then
            语句组 1
      End If
Else
      语句组 2
End If
```

【例 5.3】　根据不同的时间段发出问候语，如当前小时数小于 12 时，显示"上午好"。

通过窗体的 Click 事件过程来实现，代码如下：

```
Private Sub Form1_Click(…) Handles Me.Click
      Dim h As Integer
      h = Hour(TimeOfDay)                     '取系统的时间（小时数）
      If h < 12 Then
            Debug.Print("上午好！")
      Else
            If h < 18 Then
                  Debug.Print("下午好！")
            Else
                  Debug.Print("晚上好！")
            End If
      End If
End Sub
```

使用条件语句嵌套时，一定要注意 If 与 Else，If 与 End If 的配对关系。

② ElseIf 格式

如果出现多层 If 语句嵌套，会使程序冗长，不便阅读，为此 VB.NET 提供了带有 ElseIf 的语句结构。

```
If  条件 1 Then
      语句组 1
ElseIf  条件 2 Then
      语句组 2
ElseIf  条件 3 Then
      语句组 3
      …
```

```
    [Else
        语句组 n]
    End If
```

该语句执行时先测试"条件 1"，如果为 False，就测试"条件 2"，依次类推，直到找到为 True 的条件。一旦找到一个为 True 的条件，VB.NET 就会执行相应的语句组，然后执行 End If 语句后面的代码。如果所有条件都是 False，那么 VB.NET 便执行 Else 后面的"语句组 n"，然后执行 End If 语句后面的代码。

例如，例 5.3 程序代码中的嵌套条件可改写成如下形式：

```
    If h<12 Then
        Debug.Print("上午好！")
    ElseIf h<18 Then
        Debug.Print("下午好！")
    Else
        Debug.Print("晚上好！")
    End If
```

5.2.4 IIf 函数

IIf 函数可用来执行一些简单的条件判断操作，其语法格式为：

```
    IIf(条件，条件为 True 时的值，条件为 False 时的值)
```

功能：对"条件"进行测试，若条件成立（值为 True），则取第 1 个值（即条件为 True 时的值），否则取第 2 个值（即条件为 False 时的值）。

例如，将 a、b 中的较小数放入 Min 变量中，语句如下：

```
    Min = IIf(a<b, a, b)
```

5.3 多分支选择语句

虽然使用条件语句的嵌套办法可以实现多分支选择，但结构不够简明。使用多分支选择语句 Select Case 也可以实现多分支选择，它比起上述条件语句嵌套方法更有效、更易读，并且易于跟踪调试。

多分支选择语句的语法格式为：

```
    Select Case 测试表达式
        Case 表达式列表 1
            语句组 1
        [Case 表达式列表 2
            语句组 2]
        …
        [Case Else
            语句组 n]
    End Select
```

本语句执行时，先计算测试表达式的值，然后将该值依次与语句中每个 Case 的值进行比较，如果该值符合某个 Case 指定的值条件，就执行该 Case 的语句组，然后跳到 End Select，从 End

Select 出口。如果没有相符合的 Case 值，则执行 Case Else 中的语句组。

表达式列表中的表达式必须与测试表达式的数据类型相匹配。表达式列表有如下几种形式：

① 一个值。例如：

    Case 2

② 一组值。例如：

    Case 1,3,5   '表示条件在 1, 3, 5 范围内取值

③ 表达式 1 To 表达式 2。例如：

    Case 60 To 80   '表示条件取值范围为 60～80

④ Is 关系式。例如：

    Case Is<5   '表示条件在小于 5 的范围内取值

当使用多个"表达式表"时，表达式之间要用逗号隔开，例如：

    Case 1, 3, 5. 7, Is>8   '表示条件取值为 1, 3, 5, 7 或大于 8

例如，对于例 5.3 程序代码中的嵌套条件，采用多分支选择语句可改写成如下形式：

```
Select Case h
    Case Is<12
        Debug.Print("上午好！")
    Case Is<18
        Debug.Print("下午好！")
    Case Else
        Debug.Print("晚上好！")
End Select
```

【例 5.4】 输入学生成绩（百分制），判断该成绩的等级（优良、及格、不及格）。

在窗体上添加 2 个标签、1 个文本框和 1 个命令按钮，如图 5.5 所示。文本框 TextBox1 用于输入学生成绩，标签 Label2 用于显示成绩的等级。

编写命令按钮的 Click 事件过程，代码如下：

```
Private Sub Button1_Click(…) Handles Button1.Click            '判断
    Dim score As Integer, grade As String
    score = Val(TextBox1.Text)
    Select Case score
        Case 0 To 59
            grade = "不及格"
        Case 60 To 79
            grade = "及格"
        Case 80 To 100
            grade = "优良"
        Case Else
            grade = "出错"
    End Select
    Label2.Text = "成绩等级为：" & grade
End Sub
```

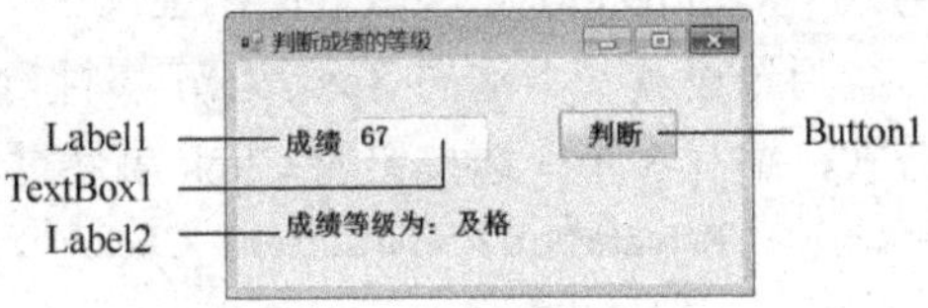

图 5.5　例 5.4 的运行界面

运行程序后，当输入的成绩为 67 时，显示结果如图 5.5 所示。

5.4　选择性控件

很多应用程序都需要提供选项让用户选择，如选择"是"或"否"，或者从列表中选择某一项等。VB.NET 中用于选择的控件有：单选按钮、复选框、列表框和组合框。本节只介绍单选按钮和复选框，列表框和组合框将在第 6 章中介绍。

5.4.1　单选按钮

单选按钮（RadioButton）控件由一个圆圈"○"及紧挨它的文字组成（见图 5.6），它用于提供"选中"和"未选中"两种可选项。当单击单选按钮时，该按钮即被选中，此时圆圈中间有一个黑圆点；没有选中时，圆圈中间的黑圆点消失。

通常，单选按钮总是以成组形式出现，用户在一组单选按钮中必须选中一项，并且最多只能选中一项。因此，单选按钮可以用于由用户在多种选项中选择其中一项的情况。

1．常用属性

① Text 属性：设置单选按钮旁边的文字说明（标题）。

② Checked 属性：表示单选按钮是否被选中，选中时 Checked 值为 True，否则为 False。

系统会根据操作情况来自动改变 Checked 属性值。使用单选按钮组时，选中其中一个，其余就会自动关闭。

③ Appearance 属性：设置单选按钮的外观显示方式，可以选择普通样式（Normal）或按钮样式（Button）。

2．常用事件

① Click 事件：单击按钮时触发 Click 事件。

② CheckedChanged 事件：当 Checked 属性值发生变化时，触发 CheckedChanged 事件。

【例 5.5】　编写程序，用单选按钮组控制文本框中文本的对齐方式。

（1）如图 5.6 所示，在窗体上添加 1 个文本框和 1 个单选按钮组。文本框 TextBox1 用于显示一行文字，设计时在其中输入文本"单选按钮应用示例"。单选按钮组由 3 个单选按钮组成，其名称自上而下为 RadioButton1、RadioButton2 和 RadioButton3，其 Text 属性自上而下为"左对齐"、"居中"和"右对齐"。

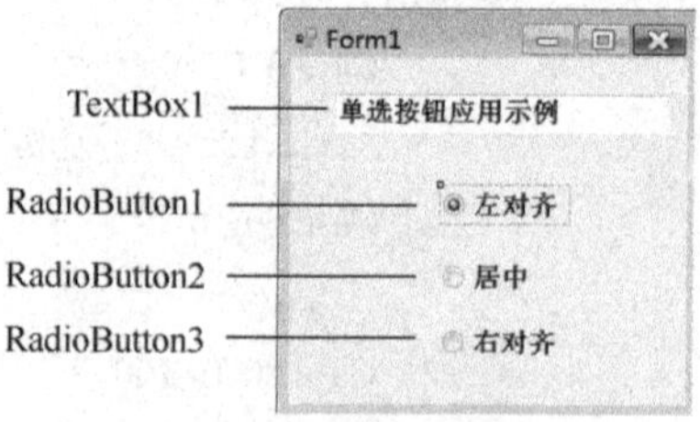

设计时，应注意单选按钮组的初始状态，如本例，由于文本框的文本对齐方式默认为左对齐，因此在属性窗口中将"左对齐"单选按钮（RadioButton1）的 Checked 属性值设置为 True，与文本框的文本初始对齐方式保持一致。也可以通过程序代码来设置初始状态，如在 Form1_Load 事件过程中写入"RadioButton1. Checked=True"。

图 5.6　单选按钮应用示例

通过设置文本框的 TextAlign 属性可以实现文本的对齐方式，编写 3 个单选按钮的 Click 事件过程，代码如下：

```
Private Sub RadioButton1_Click(…) Handles RadioButton1.Click          '左对齐
    TextBox1.TextAlign = HorizontalAlignment.Left          '右端为系统符号常量，用于左对齐
End Sub

Private Sub RadioButton2_Click(…) Handles RadioButton2.Click          '居中
```

```
        TextBox1.TextAlign = HorizontalAlignment.Center
    End Sub
    Private Sub RadioButton3_Click(…) Handles RadioButton3.Click          '右对齐
        TextBox1.TextAlign = HorizontalAlignment.Right
    End Sub
```

5.4.2　复选框

复选框（CheckBox）控件由一个方形小框和紧挨它的文字组成（见图 5.7），它也提供"选中"和"未选中"两种可选项。单击它便可以选中它，此时方形小框内会出现打钩标记（√），未选中则为空。利用复选框可以列出供用户选择的多个选项，用户可以根据需要选中其中的一项或多项，也可以一项都不选。

复选框控件与单选按钮控件在使用方面的主要区别在于，在一组单选按钮控件中只能选中一项，而在一组复选框控件中，可以同时选中多个选项。

1．常用属性

① Text 属性：设置复选框的文字说明（标题）。
② Checked 属性：表示复选框是否被选中。
③ CheckState 属性：表示复选框的状态。有 3 种取值：UnChecked，未选中（默认值），Checked，选中，Indeterminate，状态不确定。

2．常用事件

复选框可响应的事件与单选按钮的事件基本相同。

【例 5.6】　编写程序，用复选框来改变文本框中文字的字体、字号及颜色。假设文本框中文字的默认字体属性为宋体、12 号和黑色。

如图 5.7 所示，在窗体上添加 1 个文本框和 3 个复选框。文本框 TextBox1 用于显示一行文字，设计时在其中输入文本"复选框应用示例"，并在属性窗口中为该文本框设置字体属性为宋体、12 号和黑色。3 个复选框的名称分别为CheckBox1、CheckBox2、CheckBox3，而 Text 属性分别为"楷体"、"16 号字"和"红色"。

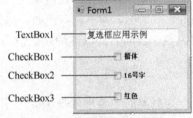

图 5.7　复选框应用示例

编写 3 个复选框的 Click 事件过程，代码如下：

```
    Private Sub CheckBox1_Click(…) Handles CheckBox1.Click          '楷体
        If CheckBox1.Checked Then                                    '判断该复选框是否选中
            TextBox1.Font = New Font("楷体", TextBox1.Font.Size)     '若选中，则改为楷体，保留原字号
        Else
            TextBox1.Font = New Font("宋体", TextBox1.Font.Size)
        End If
    End Sub
    Private Sub CheckBox2_Click(…) Handles CheckBox2.Click          '16 号字
        If CheckBox2.Checked Then                                    '判断该复选框是否选中
            TextBox1.Font = New Font(TextBox1.Font.Name, 16)
```

                                                           '若选中，改为 16 号字，保留原字体
          Else
              TextBox1.Font = New Font(TextBox1.Font.Name, 12)
          End If
      End Sub
      Private Sub CheckBox3_Click(⋯) Handles CheckBox3.Click   '红色
          If CheckBox3.Checked Then   '判断该复选框是否选中
              TextBox1.ForeColor = Color.Red   '若选中，设置前景色为红色
          Else
              TextBox1.ForeColor = Color.Black
          End If
      End Sub

运行程序后，用户可以任意设定这 3 个复选框的状态，可以 3 项都不选，也可以选择其中 1～3 项。

5.5 定时器控件

定时器（Timer）是工具箱中的控件，它能以一定的时间间隔产生一个 Tick 事件。用户可以根据这个特性，依照时间控制某些操作或用于计时。运行时定时器不可见。

1．常用属性

① Enabled 属性：确定定时器是否可用。默认值为 False，表示不可用，此时定时器不产生 Tick 事件；当设置为 True 时，可以启用定时器。

② Interval 属性：设置两个 Tick 事件之间的时间间隔，其值为一个 Integer 整型数，以毫秒（1ms=1/1000s）为单位。例如，如果希望每半秒钟产生一个 Tick 事件，那么 Interval 属性值应设置为 500。Interval 属性的默认值为 100。Interval 属性值不能小于 1。

2．主要事件

定时器的主要事件是 Tick 事件。定时器在每个时间间隔都将触发一个 Tick 事件。需要定时执行的操作即放在该事件过程中完成。

【例 5.7】 建立一个电子时钟。

（1）如图 5.8 所示，在窗体上添加 1 个定时器和 1 个文本框。添加定时器的方法：单击工具箱中的 Timer 控件，将其拖放到窗体中，所添加的定时器控件会显示在窗体下方的专用面板上。通过单击定时器图标可以选定，并在属性窗口中进行属性设置。

（2）设置定时器 Timer1 的 Enable 属性为 True，Interval 属性值为 1000（1 秒），文本框 TextBox1 的字号设定为 20。

（3）编写如下事件过程代码，程序运行效果如图 5.9 所示。
      Private Sub Timer1_Tick(⋯) Handles Timer1.Tick   '每隔 1 秒自动执行一次
          TextBox1.Text = TimeOfDay()   'TimeOfDay()是系统时间函数
      End Sub

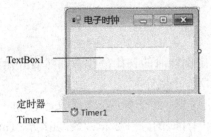

图 5.8 例 5.7 的设计界面　　　　　　　图 5.9 例 5.7 的运行效果

【例 5.8】 利用定时器按指定间隔时间对字体进行放大。

（1）如图 5.10 所示，在窗体上建立一个定时器控件 Timer1 和一个标签 Label1。标签处于窗体的左上角。

（2）在 Form1_Load 事件过程中，把定时器的 Interval 属性设置为 800，即每 0.8 秒发生一次 Tick 事件。在定时器事件过程中，采用条件语句判断标签的字号是否小于 100，如果是，则每隔 0.8 秒将字号扩大 1.2 倍；如果大于或等于 100（控制字号小于 100），则把字号恢复为 8，然后继续放大标签的字号。

程序代码如下：

```
Private Sub Form1_Load (…) Handles MyBase.Load
    Label1.Text = "放大"
    Timer1.Enabled = True
    Timer1.Interval = 800
End Sub
Private Sub Timer1_Tick(…) Handles Timer1.Tick
    If Label1.Font.Size < 100 Then
        Label1.Font = New Font(Label1.Font.Name, Label1.Font.Size * 1.2)
                                                            '每次放大 1.2 倍
    Else
        Label1.Font = New Font(Label1.Font.Name, 8)         '恢复为 8 号字
    End If
End Sub
```

程序运行效果如图 5.11 所示。

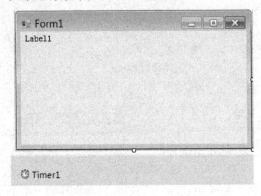

图 5.10 例 5.8 的设计界面　　　　　　　图 5.11 例 5.8 的运行界面

5.6　程序举例

【例 5.9】设计一个倒计时器。先由用户给定倒计时的初始分秒数，然后开始倒计时，每隔 1 秒，时间值（总秒数）减 1，直到时间值为 0，停止倒计时。

（1）如图 5.12 所示，在窗体上添加 1 个定时器、2 个标签、2 个文本框和 1 个命令按钮。2 个文本框 TextBox1 和 TextBox2 分别用于显示倒计时的分钟数和秒数。定时器 Timer1 采用默认的属性值。

（2）编写程序代码。

程序中采用变量 t 表示总秒数，由于 t 要在不同过程中使用，因此把它声明为模块级变量（模块级变量的概念将在第 8 章介绍）。模块级变量要在窗体模块的声明段中声明，其作用范围是该窗体模块的所有过程，即在窗体模块的所有过程中都可以访问变量 t。

```
Dim t As Integer                                  '在窗体模块的声明段中声明模块级变量 t
Private Sub Form1_Load(…) Handles MyBase.Load
    Timer1.Interval = 1000                        '设置每隔 1 秒触发 1 次 Tick 事件
    Timer1.Enabled = False                        '关闭计时器
End Sub
Private Sub Button1_Click(…) Handles Button1.Click    '倒计时
    t = Val(TextBox1.Text) * 60 + Val(TextBox2.Text)
    If t = 0 Then                                 '检查有无输入倒计时数
        MsgBox("请输入倒计时数")
        Exit Sub                                  '退出过程
    End If
    Timer1.Enabled = True                         '打开计时器
End Sub
Private Sub Timer1_Tick(…) Handles Timer1.Tick    '每隔 1 秒自动执行一次
    Dim m, s As Integer
    t = t - 1
    m = t \ 60                                    '分钟数
    s = t Mod 60                                  '秒数
    TextBox1.Text = Format(m, "00")
    TextBox2.Text = Format(s, "00")
    If t = 0 Then
        Timer1.Enabled = False                    '关闭计时器
        MsgBox("倒计时时间到！！ ")
    End If
End Sub
```

程序运行后，输入倒计时数，单击"倒计时"按钮开始倒计时，运行界面如图 5.12 所示。

【例 5.10】 编写程序，对输入的密码进行检验，运行界面如图 5.13 所示。假定密码为"123456"，输入密码时在屏幕上不显示输入的字符，而以"*"代替。

图 5.12　例 5.9 的运行界面

采用嵌套结构的条件语句对输入的密码进行检验，处理方法如下：

（1）若输入密码正确，通过消息框显示信息"欢迎您用机！"。

（2）若输入密码不对，弹出如图 5.14 所示的消息框，显示信息"密码错误！"，提示"重试"及"取消"。

图 5.13　例 5.10 的运行界面　　　　图 5.14　密码输入错误时弹出的消息框

① 若用户单击"重试"按钮，MsgBox 函数将返回值 4（见第 4 章表 4.4），则通过条件判断后执行 TextBox1.Focus，供用户再次输入。

② 若用户单击"取消"按钮，MsgBox 函数将返回值 2，则弹出消息框显示信息"密码错误，不重试了！"并结束程序运行。

程序代码如下：

```
Private Sub Form1_Load(…) Handles MyBase.Load
    TextBox1.PasswordChar = "*"                    '设置以"*"替代显示
    TextBox1.Text = ""
    TextBox1.MaxLength = 6
End Sub
Private Sub Button1_Click(…) Handles Button1.Click      '确定
    Dim p As Integer
    If Trim(TextBox1.Text) = "123456" Then
        MsgBox("欢迎您用机！")
    Else
        p = MsgBox("密码错误！", 5 + 48, "输入密码")
                    '在消息框上显示"重试"和'"取消"按钮，以及"！"图标
        If p = 4 Then                              '4 表示单击了"重试"按钮
            TextBox1.Focus()                       '焦点定位在文本框中
        Else
            MsgBox("密码错误，不重试了！")
            End
        End If
    End If
End Sub
```

【例 5.11】 编写程序，求解古代数学"鸡兔同笼"问题。

题目：鸡兔同笼，已知鸡和兔总头数为 $h=23$，总脚数为 $f=56$，求鸡、兔各有多少只？

由学生回答问题，然后评判答题是否正确。

（1）分析：设鸡、兔各有 x、y 只，则方程式如下：

$$\begin{cases} x+y=h \\ 2x+4y=f \end{cases}$$

解方程，求出的 x、y 为

$$\begin{cases} x=(4h-f)/2 \\ y=(f-2h)/2 \end{cases}$$

（2）如图 5.15 所示，在窗体上添加 1 个命令按钮 Button1 和 1 个标签 Label1。标签用于显示考题，放置在窗体的左上角。

（3）编写 2 个事件过程，Form1_Load 过程用于显示考题内容，Button1_Click 过程用于答题，程序代码如下：

```
Private Sub Form1_Load(…) Handles MyBase.Load          '显示考题
    Label1.Text = Strings.Space(12) & "考一考你" & vbCrLf & vbCrLf
    Label1.Text = Label1.Text & "  鸡兔同笼，已知鸡和兔总头数为23，" & vbCrLf
    Label1.Text = Label1.Text & "总脚数为56，求鸡兔各有多少？"
End Sub

Private Sub Button1_Click(…) Handles Button1.Click      '答题
    Dim h, f, x, y, x1, y1 As Integer
    h = 23 : f = 56                                     '总头数及总脚数
    x = (4 * h - f) / 2                                 '求出的鸡数
    y = (f - 2 * h) / 2                                 '求出的兔数
    x1 = Val(InputBox("鸡的只数是多少？", "请回答"))
    y1 = Val(InputBox("兔的只数是多少？", "请回答"))
    Select Case True                                   '用 True 值作为测试值
        Case x = x1 And y = y1
            MsgBox("回答完全正确!")
        Case x = x1
            MsgBox("鸡数回答正确，但兔数不对!")
        Case y = y1
            MsgBox("兔数回答正确，但鸡数不对!")
        Case Else
            MsgBox("回答错误!")
    End Select
End Sub
```

程序运行时，先在标签上显示考题内容，如图 5.15 所示。用户单击"答题"按钮，程序将弹出一个输入框，供用户输入答案，再通过消息框显示评判结果。

说明：上述 Button1_Click 事件过程中，采用逻辑值 True 作为 Select Case 语句的测试值，其含意是：以 True

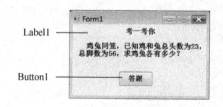

图 5.15　显示考题的内容

值依次与每个 Case 子句的表达式值进行比较，即先计算逻辑表达式 "x = x1 And y = y1" 的值，如果该值为 True，则执行该 Case 的语句组，即语句 MsgBox("回答完全正确!")，否则判断下一个 Case 子句的表达式值，其余类推。

采用逻辑值"True"或"False"直接作为条件判断的值，是编程的一种常用方法，类似的还有 If True Then …、Do While True 等。

【例 5.12】 编写程序，输入某一年的一个月份，输出该月份有多少天。

（1）分析：不管哪一年，1、3、5、7、8、10、12 月份都有 31 天；4、6、9、11 月份都有 30 天；而对 2 月份则要看是否为闰年，若为闰年则有 29 天，平年有 28 天。

判断某一年是否闰年的逻辑表达式见例 5.1。

（2）参照图 5.16 设计界面。3 个文本框 TextBox1、TextBox2 及 TextBox3 分别用于输入年份、月份和输出该月份的天数。

（3）编写"输出天数"命令按钮的 Click 事件过程，代码如下：

```
Private Sub Button1_Click(…) Handles Button1.Click          '输出天数
    Dim y, m, d As Integer
    y = Val(TextBox1.Text)                                  '输入年份数
    m = Val(TextBox2.Text)                                  '输入月份数
    Select Case m
        Case 1, 3, 5, 7, 8, 10, 12
            d = 31
        Case 4, 6, 9, 11
            d = 30
        Case 2
            If (y Mod 4 = 0 And y Mod 100 < > 0) Or (y Mod 400 = 0) Then
                d = 29                                      '闰年的 2 月有 29 天
            Else
                d = 28                                      '平年的 2 月有 28 天
            End If
        Case Else
            TextBox3.Text = "非法月份！！"
            Exit Sub                                        '退出过程
    End Select
    TextBox3.Text = d                                       '输出该月份的天数
End Sub
```

程序运行后，输入"年份"为 2017，"月份"为 2，单击"输出天数"按钮，显示结果如图 5.16 所示。

图 5.16 例 5.12 的运行效果

习题 5

一、单选题

1. 设 a=-1，b=2，下列逻辑表达为 True 值的是____。
   A）Not a>=0 And b<2   B）a*b<-5 And a/b<-5
   C）a+b>=0 Or Not a-b>=0   D）a=-2*b Or a>0 And b>0

2. 如果要将字符串数据"12"、"6"、"56"按升序排列，其排列的结果是____。

A）"12"、"6"、"56" B）"12"、"56"、"6"

C）"56"、"6"、"12" D）"56"、"12"、"6"

3. 表示条件"x 是大于等于 5，且小于 95 的数"的条件表达式是____。

A）x>=5 And x<95 B）5<=x, x<95

C）5<=x<95 D）x>=5 And <95

4. 关于语句"If s=1 Then t=1"，下列说法正确的是____。

A）s 必须是逻辑型变量

B）t 不能是逻辑型变量

C）"s=1"是关系式，"t=1"是赋值语句

D）"s=1"是赋值语句，"t=1"是关系式

5. 要判断正整数 a 能否被 b 整除，不可以采用____。

A）a/b=Int(a/b) B）a/b=Fix(a/b)

C）a\b=0 D）a Mod b=0

6. 执行下列程序段，在即时窗口中显示____。

```
Dim a, b, c, d, y As String
a = "abcde" : b = "cdefg"
c = Strings.Right(a, 3) : d = Mid(b, 2, 3)
If c<d Then y=c+d Else y = d+c
Debug.Print(y)
```

A）abcdef B）cdebcd C. cdeefg D）cdedef

7. 执行下列程序段后，变量 x 的值是____。

```
Dim x, y As Integer
x = 10
y = IIf(x>0, x Mod 4,13)
Select Case y
    Case Is < 3
        x = x + 1
    Case 5, 7, 9
        x = x + 2
    Case 10 To 15
        x = x + 3
    Case Else
        x = x + 4
End Select
```

A）8 B）7 C）12 D）11

8. 设窗体上有 1 个命令按钮 Button1 和 1 个文本框 TextBox1，并有以下事件过程：

```
Private Sub Button1_Click(···) Handles Button1.Click
    TextBox1.Text = UCase(TextBox1.Text)
    TextBox1.Focus()
End Sub
Private Sub TextBox1_GotFocus(···) Handles TextBox1.GotFocus
```

```
If  TextBox1.Text < > "BASIC" Then
        TextBox1.Text = ""
    End If
```
    End Sub

程序运行时，在 TextBox1 文本框中输入"Basic"，然后单击 Button1 按钮，则产生的结果是 ____。

    A）文本框中无内容，焦点在文本框中

    B）文本框中无内容，焦点不在文本框中

    C）文本框中内容为"Basic"，焦点不在文本框中

    D）文本框中内容为"BASIC"，焦点在文本框中

9. 下列关于单选按钮的叙述中，错误的是____。

    A）单选按钮的 Enabled 属性决定该按钮是否被选中

    B）单选按钮的 Checked 属性决定该按钮是否被选中

    C）一个窗体上（不含有其他容器）的所有单选按钮一次只能有一个被选中

    D）在运行期间单击单选按钮时，该按钮的 Checked 属性变为 True 值

10. 下列关于定时器（Timer）的叙述中，正确的是____。

    A）可以设置定时器的 Visible 属性使其在窗体上可见

    B）可以在窗体上设置定时器的大小（高度和宽度）

    C）定时器不能识别 Click 事件

    D）设置定时器的 Interval 属性值为 0 时，该定时器不起作用

11. 窗体上有一个命令按钮 Button1，设计时该按钮标题 Text 采用默认值。完善下列按钮单击事件过程，使之运行后当第 1 次单击该按钮时，该按钮标题显示为"新按钮"；第 2 次单击该按钮时，按钮标题改为"旧按钮"；第 3 次单击该按钮时，按钮标题又恢复为"新按钮"，如此反复交替显示"新按钮"和"旧按钮"。

    Private Sub Button1_Click(···) Handles Button1.Click
```
    If ____ Then
        Button1.Text = "旧按钮"
    Else
        Button1.Text = "新按钮"
    End If
```
  End Sub

    A）Button1.Text = ""   B）Button1.Text = "新按钮"

    C）Button1.Text < > ""   D）Button1.Text = "旧按钮"

二、填空题

1. 如果要使定时器每分钟发生一个 Tick 事件，则 Interval 属性应设置为 __(1)__。

2. 执行如下程序段，如果在输入框中输入 65，则在消息框中显示 __(2)__。
```
    Dim x, k As Short
    x = Val(InputBox("请输入 x"))
    If x < 50 Then
        k = 1
```

```
        ElseIf x < 60 Then
            k = 2
        ElseIf x < 70 Then
            k = 3
        End If
        MsgBox("k=" & k)
```

3. 已知字符串变量 CharS 中存放一个字符，以下程序段用于判断该字符是数字、字母还是其他字符，并输出结果。

```
        Select Case CharS
            Case     (3)
                Debug.Print("这是数字")
            Case     (4)
                Debug.Print("这是字母")
            Case     (5)
                Debug.Print("这是其他字符")
        End Select
```

4. 以下程序段用于实现 Sign( ) 函数的功能，取值如下：

$$y = \begin{cases} 1 & x > 0 \\ 0 & x = 0 \\ -1 & x < 0 \end{cases}$$

```
        Dim x, y As Double
        x = Val(InputBox("输入 x 的值"))
        If     (6)     Then
            y = 1
        Else
            If     (7)     Then
                y = 0
                (8)
                y = -1
            End If
        End If
        MsgBox("函数的值：" & y)
```

上机练习 5

1. 求 3 个数中的最小数。通过 InputBox 函数输入 3 个数，处理结果显示在消息框中。程序代码中有 2 处错误，请修改并上机调试。

```
        Private Sub Form1_Click(…) Handles Me.Click
            Dim a, b, c, min As Single
            a = Val(InputBox("输入第 1 个数"))
            b = Val(InputBox("输入第 2 个数"))
```

```
        c = Val(InputBox("输入第 3 个数"))
        min = a
        If b < c Then min = b
        If c < a Then min = c
        MsgBox("最小数为： " & min)
    End Sub
```

2．学生的学号由 8 个数字组成，如 16023015，其中从左算起前 2 位数字表示入学年份，第 5 个数字表示学生类型，学生类型规定如下：2（博士生），3（硕士生），4（本科生），5（专科生）。编写程序，输入一个学号，判定该生的入学年份及学生类型。

1）参照图 5.17 设计界面。2 个文本框 TextBox1 和 TextBox2 分别用于输入学号和显示判断结果。

图 5.17　第 2 题的运行界面

2）编写的程序代码如下，请填空并上机调试。

```
    Private Sub Button1_Click(…) Handles Button1.Click            '判断
        Dim t As Integer, p As String
        t = Val(Mid(TextBox1.Text, 5, 1))
        Select Case ___(1)___
            Case 2
                p = "博士生"
            Case 3
                p = "硕士生"
            Case 4
                p = "本科生"
            Case 5
                p = "专科生"
            Case Else
                p = "无效学号"
        End Select
        TextBox2.Text = ___(2)___ & "级" & p
    End Sub
```

3．编写程序，输入 3 个数，按从小到大的顺序显示出来，运行界面如图 5.18 所示。

提示：假设这 3 个数为 a、b、c，要对这 3 个数排序有多种方法，常用方法是，先将 a 与 b 比较，使得 a<b（通过交换 a、b 变量值来实现，使用的语句是 "If a>b Then t=a:a=b:b=t"）；再比较 a 和 c，使得 a<c，此时 a 最小；最后比较 b 和 c，使得 b<c。处理结果为 a<b<c。

4. 某商场按购买货物的款数多少分别给予顾客不同的优惠，优惠折扣如下：

购物款<300 元   无折扣

300 元≤购物款<1000 元   3%

1000 元≤购物款<5000 元   5%

5000 元≤购物款<20000 元   10%

购物款≥20000 元   15%

编写程序，输入购物款后，根据折扣计算实交款。

5. 编写程序，用三个复选框分别代表红、绿、蓝三原色的颜色值，当选中复选框时表示颜色值 255，不选中复选框时表示颜色值 0，并将使用 Color.FromArgb(r, g, b)函数调配的颜色作为当前窗体的背景色（BackColor）。设计界面如图 5.19 所示。

图 5.18 三个数排序

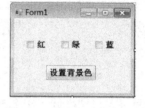

图 5.19 第 5 题的设计界面

第 6 章　循环结构程序设计

在程序中，如果需要按指定的条件，多次重复执行某些操作，则可用循环结构来实现。使用循环结构设计程序，只需编写少量的代码，就能执行大量的重复性操作。循环结构由两部分组成，一是循环体（重复执行的语句序列），二是循环控制部分（控制循环的执行）。

VB.NET 提供多种循环结构，最常用的是 For 循环语句和 Do 循环语句。

6.1　循环语句

6.1.1　For 循环语句

For 循环语句是计数型循环语句，一般用于控制循环次数已知的循环结构。先看一个简单的例子。

【例 6.1】　输出 2～10 之间的偶数的平方数。

程序代码如下：

```
Private Sub Form1_Click(…) Handles Me.Click
        Dim k As Integer
        For k = 2 To 10 Step 2
            Debug.Print(k * k)
        Next k
End Sub
```

程序运行时单击窗体，在即时窗口中输出结果：

4

16

36

64

100

在上述 For…Next 循环语句中，循环变量 k 的初值、终值和步长值分别为 2、10 和 2，即从 2 开始，每次加 2，到 10 为止，控制循环 5 次。每次循环都将循环体（即语句 Debug.Print(k * k)执行一次，因此运行后输出结果是 4，16，36，64 和 100。

For 语句按指定的次数重复执行循环体，其语法格式如下：

```
For 循环变量=初值 To 终值 [Step 步长值]
        循环体
        [Exit For]
Next 循环变量
```

说明：

① "循环体"是指 For 语句和 Next 语句之间的语句序列，它们将被重复执行指定的次数。

② "初值"、"终值"和"步长值"都是数值表达式，步长值可以是正数（称为递增循环），

也可以是负数（称为递减循环）。若步长值为 1，则 Step 1 可以省略。

③ "Exit For" 语句的作用是退出循环。

For 循环语句的执行流程图如图 6.1 所示，其执行步骤如下（假设循环体内无转出循环的语句）：

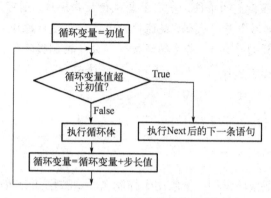

图 6.1　For 循环语句的执行流程图

① 将初值赋给循环变量。

② 判断循环变量值是否超过终值（步长值为正时，值大于终值；步长值为负时，值小于终值）。超过终值时，退出循环，执行 Next 后的下一条语句。

③ 未超过终值时，执行循环体。

④ 遇到 Next 语句时，使循环变量值增加"步长值"（循环变量=循环变量+步长值）。

⑤ 转到②去判断循环条件和继续执行。

在例 6.1 中，第 1 次循环时，循环变量 k 等于 2，执行循环体（显示 4）后，遇到 Next 语句，修改 k 值为 4，因不大于终值 10，则继续执行循环体。以后执行第 2 次、第 3 次、第 4 次循环。当第 4 次循环后，遇到 Next 语句，k 被修改为 10，因不大于 10，故还要执行循环体 1 次（显示 100），再执行 Next 语句使 k=12 时，就结束循环。

注意，退出循环时，循环变量 k 的值是 12 而不是 10。

【例 6.2】　求 S = 1 + 2 + 3 + … + 8。

程序代码如下：

```
Private Sub Form1_Click(…) Handles Me.Click
    Dim s, k As Integer
    s = 0                          '累加数初值为 0
    For k = 1 To 8
        s = s + k                  '累加器，在原有和的基础上每次加一个数
    Next k
    Debug.Print("s= " & s)
End Sub
```

运行时单击窗体，在即时窗口中输出结果：

s=36

循环体只有一条语句 s=s+k。第 1 次循环时，s 和 k 的值为 0 和 1，求和结果 1 赋值给 s；第 2 次循环时，s 和 k 的值为 1 和 2，求和结果 3 赋值给 s；第 3 次循环时，s 和 k 的值为 3 和 3，求和结果 6 赋值给 s；……；第 8 次循环时，s 和 k 的值为 28 和 8，求和结果 36 赋值给 s。因为第

8 次循环后，循环变量 k 值修改为 9，因此循环结束（只循环 8 次），故 s 的最终值为 36。

本程序是采用逐次"累加"方法来求解的。程序中设置一个累加数 s，并用 k 表示每次要加入的数，k 值依次为 1，2，…，8，通过语句 s=s+k（称为累加器或加法器）和循环 8 次，每次加一个数，就可以把 8 个数加起来。

不难看出，如果要计算的是 s=1＋2＋3＋…＋n（如 n=1000、10000…），则程序结构不必改动，只需将上述程序代码中的终值 8 改为 n（如 1000）就行了。

【例6.3】 求 $T=8!=1\times2\times3\times\cdots\times8$。

程序代码如下：

```
Private Sub Form1_Click(…) Handles Me.Click
    Dim t, c As Integer
    t = 1                          '累乘数初值为 1
    For c = 1 To 8
        t = t * c                  '累乘器，在原有积的基础上每次乘一个数
    Next c
    Debug.Print("T=" & t)
End Sub
```

运行时单击窗体，在即时窗口中输出结果：

    T=40320

语句 t=t*c 也称累乘器，起着累乘的作用，它在原有积的基础上每次乘一个数。在累乘之前，先将 t 置 1（不能置 0）。

在循环程序中，常用累加器和累乘器来完成各种处理任务。

【例6.4】 用级数 $\pi/4=1-1/3+1/5-1/7\cdots$ 求 π 的近似值，要求取前 5000 项来进行计算。

分析：以 pi 代表 π 的近似值，它是由多项式中各项累加而得到的。各项的分母为 1，3，5，7，…，9999，共 5000 项。程序中使用循环语句 For c=1 To 9999 Step 2 中的循环变量 c 来表示各项的分母，c 从 1 开始，每次加 2，直至 9999 为止。每循环一次累加一次值（1/c）。由于多项式中各项的符号不同，因此要在每项前面乘以 1 或-1 以体现正或负值，用 s 代表符号，它的初值为+1，以后依次变为-1，+1，-1，+1，…，只要每次使 s 乘以-1 即可。

求解 π 近似值的流程图如图 6.2 所示，程序代码如下：

```
Private Sub Form1_Click(…) Handles Me.Click
    Dim pi As Single, c, s As Integer
    pi = 0
    s = 1                          's 表示加或减运算
    For c = 1 To 9999 Step 2
        pi = pi + s / c
        s = -s                     '交替改变加、减号
    Next c
    Debug.Print("π= " & 4 * pi)
End Sub
```

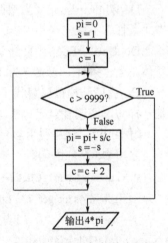

图 6.2　求 π 近似值的流程图

运行时单击窗体，在即时窗口中输出结果：

π= 3.141397

显然，累加项数愈多，近似程度愈好。读者不妨把该程序的循环终值从 9999 改为 99999、999999 等，看看得到的 π 近似值是不是会好些。

也许有读者会提出用 s=(-1)^c 来代替 s=-s。虽然 s=(-1)^c 也能交替改变正、负号，但乘方运算速度会慢些。循环体内语句需要重复执行，编程时要尽量采用运算强度弱的语句，能用加减，就不用乘除，尽量避免使用乘方运算。

6.1.2 Do 循环语句

For 循环语句主要用于知道循环次数的情况下，若事先不知道循环次数，可以使用 Do 循环语句。

Do 循环语句是条件型循环语句，它根据条件决定是否执行循环。该语句有两种语法格式：前测型循环结构和后测型循环结构。两者区别在于判断条件的先后次序不同。

1. 前测型 Do 循环语句

前测型 Do 循环语句是"条件"在前，先判断条件再循环。语句的语法格式如下：

```
Do {While|Until} 条件
    循环体
    [Exit Do]
Loop
```

Do While…Loop（当型循环）语句的功能：当"条件"成立（为 True 值）时，执行循环体；当"条件"不成立（为 False 值）时，终止循环。

Do Until…Loop（直到型循环）语句的功能：当"条件"不成立（为 False 值）时，执行循环体；当"条件"成立（为 True 值）时，终止循环。

Do 循环结构可以替代 For 循环。下面同一求解问题，采用两种循环结构，它们的运算结果是一样的。请读者自己分析、比较这两种结构的区别。

【例 6.5】 分别利用 Do 循环语句和 For 循环语句，计算 $s = 2^2 + 4^2 + 6^2 + \cdots + 100^2$。

采用 Do 循环语句：

```
Private Sub Form1_Click (…) …
    Dim n As Integer, s As Long
    n = 2: s = 0
    Do While n <= 100
        s = s + n * n
        n = n + 2
    Loop
    Debug.Print("s=" & s)
End Sub
```

采用 For 循环语句：

```
Private Sub Form1_Click (…) …
    Dim n As Integer, s As Long
    s = 0
    For n = 2 To 100 Step 2
        s = s + n * n
    Next n
    Debug.Print("s=" & s)
End Sub
```

上述（左边）Do 循环语句的执行过程如下：

（1）执行 Do While 时，系统先判断条件 n<=100 是否成立，因为 n 的初值为 2，条件成立，则进入第 1 次循环。

（2）第 1 次执行循环体后，n 值为 4，遇到 Loop 语句时，再次判断条件 n<=100 是否成立，

因为条件成立，则进入第 2 次循环。其余类推，一共循环 50 次。

（3）第 50 次执行循环体后，n 值为 102，再次遇到 Loop 语句时，判断条件 n<=100 是否成立，因为条件不成立，则结束循环，转去执行 Loop 语句后面的第 1 条语句。

【例 6.6】 我国有 13 亿人口，按人口数年平均增长率 0.57%计算，多少年后我国人口数超过 20 亿。

根据公式：$20 = 13 \times (1 + 0.0057)^n$

解此题可直接利用标准函数（Log 函数）求得，也可采用循环方法求得。下面采用循环方法，程序代码如下：

```
Private Sub Form1_Click(…) Handles Me.Click
    Dim s As Single, n As Integer
    s = 13 : n = 0
    Do While s < 20
        s = s * 1.0057
        n = n + 1
    Loop
    Debug.Print(n & "年后我国人口达到" & s)
End Sub
```

运行时单击窗体，在即时窗口中输出结果：

    76 年后我国人口达到 20.02376

如果采用 Do Until…Loop 来编写例 6.6 的程序代码，则只需将 Do While s<20 改为 Do Until s>=20 就行了。

2. 后测型 Do 循环语句

语句的语法格式如下：

```
Do
    循环体
    [Exit Do]
Loop {While|Until} 条件
```

功能：先执行循环体，然后判断条件，根据条件决定是否继续执行循环。

本语句执行循环的最少次数为 1，而前测型 Do…Loop 语句可以一次都不执行循环。

【例 6.7】 输入两个正整数，求它们的最大公约数。

（1）分析：用"辗转相除法"求两个数 m、n 的最大公约，算法如下：求出 m/n 余数 p，若 p=0，n 即为最大公约数；若 p 非 0，则把原来的分母 n 作为新的分子 m，把余数 p 作为新的分母 n 继续求解。

（2）参照图 6.3 设计界面。

（3）编写"计算"按钮的 Click 事件过程，代码如下：

```
Private Sub Button1_Click(…) Handles Button1.Click          '计算
    Dim m, n, p As Integer
    m = Val(TextBox1.Text)                                  '输入第 1 个数 m
    n = Val(TextBox2.Text)                                  '输入第 2 个数 n
    Do
```

```
        p = m Mod n                              '求 m/n 的余数
        m = n                                    '原分母 n 作为新的分子 m
        n = p                                    '余数 p 作为新的分母 n
        Loop While p < > 0                       '执行循环体后才判断循环条件
        TextBox3.Text = m                        '取 m Mod n=0 时的 n 值(最大公约数)
    End Sub
```

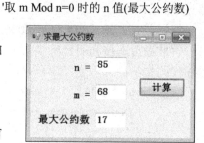

如果输入的 m 和 n 的值为 85 和 68，则程序运行结果如图 6.3 所示。

6.1.3 循环出口语句

循环语句在执行过程中，有时会因某种原因而需要提前结束循环，此时可用循环出口语句 Exit。其语法格式如下：

图 6.3　例 6.7 的运行界面

```
        Exit For
        Exit Do
```

功能：直接从 For 循环或 Do 循环中退出。

当程序运行时，若遇到 Exit 语句，就不再执行循环体中的任何语句而直接退出，转到循环语句（Next、Loop）的下一条语句继续执行。

Exit 语句通常放在 If 或 Select Case 语句中，这是因为 Exit 语句总是在一定条件下发生。

【例 6.8】编制一个"加法器"程序，其作用是将每次输入的数累加。以-1 作为输入结束标志。利用 InputBox 函数输入数据并输出每次的累加数，编写的程序代码如下。

```
    Private Sub Form1_Click(…) Handles Me.Click
        Dim sum, x As Single, s As String
        sum = 0
        Do While True
            s = "累加数：" & sum & vbCrLf & "输入数据(-1 结束)"
            x = Val(InputBox(s, "加法器"))
            If x = -1 Then Exit Do                '当输入-1 时，跳出循环
            sum = sum + x
        Loop
        MsgBox("累加运算结束")
    End Sub
```

程序运行效果如图 6.4 所示。

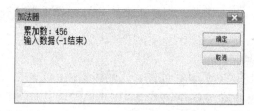

图 6.4　例 6.8 的运行效果

程序代码中以-1 作为终止循环标志（假设要累加的数不等于-1），当判别到用户输入数为-1 时，就会执行 Exit Do 来退出循环。

6.2 多重循环

多重循环是指在循环体内含有循环语句的循环，又称嵌套循环。多重循环的一般执行规则是，外层循环每执行一次，内层循环就要从头开始执行一轮。

【例 6.9】 多重循环程序示例。

```
Private Sub Form1_Click(…) Handles Me.Click
    Dim i, j As Integer
    For i = 1 To 3                          '外循环
        For j = 5 To 7                      '内循环
            Debug.Print(i & Space(2) & j)   '中间加入 2 个空格
        Next j
    Next i
End Sub
```

运行时单击窗体，在即时窗口中输出结果：

```
1    5
1    6
1    7
2    5
2    6
2    7
3    5
3    6
3    7
```

这个二重循环程序段的执行过程如下：

（1）把初值 1 赋给 i，并以 i=1 执行外循环的循环体，而该循环体又是一个循环（称为内循环）。因此在 i=1 时，j 从 5 变化到 7，Print 方法（内循环的循环体）被执行 3 次，输出 1 和 5 到 1 和 7。

执行第 1 次外循环后，i 修改为 2。

（2）以 i=2 执行外循环的循环体，输出 2 和 5 到 2 和 7。

执行第 2 次外循环后，i 修改为 3。

（3）以 i=3 执行外循环的循环体，输出 3 和 5 到 3 和 7。

执行第 3 次外循环后，i 修改为 4，因为 i 大于终值 3，因此结束循环。

在使用多重循环时，注意内、外循环层次要分清，不能交叉，例如：

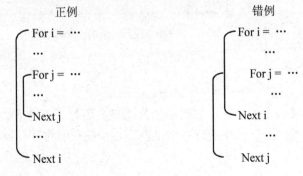

【例 6.10】 输出如图 6.5 所示的九九乘法表。

分析：显然"九九乘法表"是一个 9 行 9 列的二维表，行和列都以一定规则变化。可以采用二重循环进行控制，并分别将外、内循环变量（用 i、j 表示）作为被乘数和乘数，被乘数 i 和乘数 j 分别从 1 变化到 9。每次退出内循环（即换一次被乘数）时，使用 vbCrLf 控制换行。

在窗体上添加一个标签 Label1，用于显示"九九乘法表"。程序代码如下：

```
Private Sub Form1_Load(…) Handles MyBase.Load    '利用窗体的 Load 事件过程实现程序功能
    Dim i, j As Integer, s, x As String
    s = Space(28) & "九九乘法表" & vbCrLf
    For i = 1 To 9
        For j = 1 To 9
            x = i & "*" & j & "=" & i * j          '用字符串生成一项：被乘数*乘数=积
            s = s & x & Space(7 - Len(x))          '显示一个项，每项占 7 个位
        Next j                                     '通过 Space 函数生成一定数目的空格
        s = s & vbCrLf                             '使用 vbCrLf 强制换行
    Next i
    Label1.Text = s
End Sub
```

图 6.5　九九乘法表

其实，常用的"九九乘法表"只需要左下三角形部分，如图 6.6 所示。若要输出左下三角形"九九乘法表"，则只需在上述程序代码的基础上，将"For j = 1 To 9"改为"For j = 1 To i"就行了。

作为练习，请读者思考一下，若要输出右上三角形"九九乘法表"（如图 6.7 所示），程序代码又该如何改动？（提示：设定好 For 语句的初、终值，还要输出每行开头的空白（空格）。）

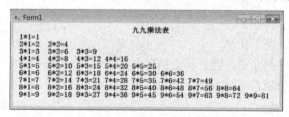

图 6.6　左下三角形"九九乘法表"

图 6.7　右上三角形"九九乘法表"

6.3　列表框与组合框

列表框和组合框都是 **VB.NET** 工具箱中的控件，它们都能为用户提供若干个选项，供用户从中任意选择。两种控件的特点是为用户提供大量的选项但又占用很少的屏幕空间，操作简单方便。

6.3.1 列表框

列表框（ListBox）控件用于列出可供用户选择的项目列表，用户可从中选择一个或多个选项。如果项目数目超过列表框可显示的数目，控件上将自动出现滚动条，供用户上下滚动选择。

在列表框内的项目称为列表项，列表项的加入是按一定的顺序号进行的，这个顺序号称为索引。

1. 常用属性

① Items 属性：该属性是列表框中的列表项集合。设计时，可以通过 Items 属性向列表框中添加列表项，其操作是，在属性窗口中单击 Items 属性，再单击其右侧的省略号按钮，打开"字符串集合编辑器"对话框，用户可以在对话框中直接输入列表项，每输入一项后按 Enter 键换行，

全部输入完后单击"确定"按钮，所输入的列表项即出现在列表框中，如图 6.8 所示。

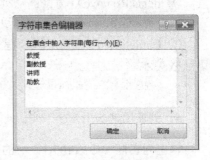

程序中通过 Items 属性引用列表框中列表项的值，Items(0)表示列表框的第 1 项（如"教授"），Items(1)表示列表框的第 2 项（如"副教授"），其余类推。

② Items.Count 属性：返回列表框中的列表项总数。

③ SelectedIndex 属性：表示列表框中当前列表项的索引（顺序号），只能在程序代码中使用。列表项的索引从 0 开始。

图 6.8　Items 属性示例

若未选定任何项，则 SelectedIndex 属性值为-1。

④ Text 属性：返回当前选定列表项的文本内容。该属性是一个只读属性，可在程序代码中引用 Text 属性值。

⑤ SelectionMode 属性：确定是否允许同时选择多个列表项。有以下 4 种选择。

● None：表示不允许选择。
● One：（默认值）表示只能选择一项。
● MultiSimple：表示多项选择。单击或按空格键可在列表框中选择列表项，或取消已选择的列表项。
● MultiExtended：表示扩展式多项选择。允许使用 Ctrl 键进行不连续选择；使用 Shift 键进行连续选择。

⑥ Sorted 属性：设置列表框中各列表项在运行时是否按字母顺序排列。True 表示按字母顺序排列，False 表示不按字母顺序排列（默认）。

2. 常用事件

列表框可接收 Click、DoubleClick、SelectedIndexChanged 等事件。
SelectedIndexChanged 事件在列表框的 SelectedIndex 属性更改时触发。

3. 常用方法

列表框中的列表项可以通过 Items 属性设置，也可以在程序代码中使用下列方法添加和删除列表项。

① Items.Add 方法：用于把一个列表项加入列表框中。语法格式为：

列表框名.Items.Add(列表项)

通常，新添加的"列表项"位于列表框原有列表的后面。若设置了 Sorted（排序）属性，则按排列次序插入到适当位置。

例如，在默认情况下，要在"省份"列表框 ListBox1 原有列表项的后面添加"海南省"，可以采用：

ListBox1.Items.Add("海南省")

② Items.Insert 方法：向列表框的指定位置插入新的列表项。语法格式为：

列表框名.Items.Insert(索引，列表项)

③ Items.Clear 方法：删除列表框中的所有列表项。语法格式为：

列表框名.Items.Clear()

④ Items.RemoveAt 方法：从列表框中删除一个列表项。语法格式为：

列表框名.Items.RemoveAt(索引)

⑤ GetSelected 方法：判断列表框中的某项是否被选中，若选中，则为 True，否则为 False。语法格式为：

列表框名.GetSelected(索引)

4．列表项的输出

输出列表框（如 ListBox1）中的列表项，有以下 3 种常用方法。

① 用鼠标单击列表框内某一列表项，可以从 Text 属性中获取该列表项值。例如：

x = ListBox1.Text   '把选定的列表项值存放在变量 x 中

② 指定索引号来读取列表项的内容，例如：

ListBox1.SelectedIndex = 3

x = ListBox1.Text

③ 从 Items 列表项集合中读取列表项的值，例如：

x = ListBox1.Items(3)

图 6.9　例 6.11 程序运行效果

【例 6.11】 编写程序，找出 4 位数中能被 16 整除的完全平方数，把这些 4 位数显示在列表框中，其个数显示在标签中。

（1）分析：某 4 位数 n 能被 16 整除且为完全平方数的判别条件为：(n Mod 16 = 0) And (Sqrt (n) = Int(Sqrt(n)))。

（2）如图 6.9 所示，在窗体上添加 1 个列表框、1 个标签和 1 个命令按钮。添加列表框的方法与其他控件类似，即单击工具箱中的列表框控件 ListBox，然后在窗体的适当位置按住鼠标左键拖动成所需的大小。

（3）编写的 2 个事件过程代码如下：

Private Sub Form1_Load(…) Handles MyBase.Load

    Label1.Text = "找出 4 位数中能被 16" & vbCrLf　& "整除的完全平方数"

End Sub

Private Sub Button1_Click(…) Handles Button1.Click   '显示

    Dim n As Integer

    ListBox1.Items.Clear()

    For n = 1000 To 9999

```
        If (n Mod 16 = 0) And Math.Sqrt(n) = Int(Math.Sqrt(n)) Then
            ListBox1.Items.Add(n)
        End If
    Next n
    Label1.Text = "符合条件的 4 位数" & vbCrLf & "个数为： " & ListBox1.Items.Count
End Sub
```

程序运行效果如图 6.9 所示。

【例 6.12】 设计一个选课程序。

（1）参照图 6.10 设计界面。左列表框 ListBox1 用于存放可供选修的课程名，用户可用鼠标在该列表框中选择一个或多个选修课程。当单击"选定"按钮时，在右列表框 ListBox2 中显示用户选定的所有课程。单击"清除"按钮时，将清除右列表框中的显示内容。

图 6.10　例 6.12 程序运行效果

为允许用户选择多门课程，应把左列表框 ListBox1 中的 SelectionMode 属性设置为 Multi-Extended。

（2）编写 3 个事件过程。在 Form1_Load 过程中，通过 Items.Add 方法将所有课程名存放在左列表框（ListBox1）中。在"选定"按钮 Button1 的 Click 事件过程中，依次判断左列表框中各个选修课是否被选中（选中时 GetSelected 方法为 True 值），如果被选中，则将其添加到右列表框中。

```
Private Sub Form1_Load(…) Handles MyBase.Load
    ListBox1.Items.Add("电子商务")                              '添加一批课程名
    ListBox1.Items.Add("网页制作")
    ListBox1.Items.Add("Internet 简明教程")
    ListBox1.Items.Add("计算机网络基础")
    ListBox1.Items.Add("多媒体技术")
End Sub
Private Sub Button1_Click(…) Handles Button1.Click              '选定
    Dim i As Integer
    For i = 0 To ListBox1.Items.Count - 1                       '逐项判断
        If ListBox1.GetSelected(i) Then                         '选中为真
            ListBox2.Items.Add(ListBox1.Items(i))
        End If
    Next i
End Sub
Private Sub Button2_Click(…) Handles Button2.Click              '清除
```

```
        ListBox2.Items.Clear()                              '清除列表框中的内容
    End Sub
```
程序运行效果如图 6.10 所示。

6.3.2 组合框

有时用户不仅要求能从已有的列表选项中进行选择，还希望自己能输入列表中不包括的内容，这就要用到组合框（ComboBox）。组合框是将列表框和文本框的特性结合在一起的控件，它具有列表框的大部分属性和方法，此外它还有自己的一些属性。

（1）DropDownStyle 属性：该属性用于设置组合框的样式。有 3 种取值，分别决定了组合框的 3 种不同样式，即下拉式组合框（默认）、简单组合框和下拉式列表框，如图 6.11 所示。

① DropDown（下拉式组合框）：执行时，用户可以直接在组合框的文本框内输入内容，也可单击其下拉箭头，再从打开的列表框中选择，选定内容会显示在文本框中。

② Simple（简单组合框）：它列出所有的列表项供用户选择，没有下拉箭头，列表框不能收起。这种组合框也允许用户直接在其文本框内输入内容。

③ DropDownList（下拉式列表框）：不允许用户输入内容，只能从下拉列表框中选择。

（2）Text 属性：该属性是用户所选定列表项的文本或直接在组合框的文本框内输入的文本。

【例 6.13】 使用 3 个不同样式的组合框，分别用于选择学校、专业和学历。

（1）如图 6.11 所示，在窗体上从左至右添加 ComboBox1，ComboBox2，ComboBox3 三个组合框，再添加 1 个文本框 TextBox1 和 1 个命令按钮 Button1。

图 6.11 例 6.13 程序运行效果

（2）将组合框 ComboBox1 的 DropDownStyle 属性设置为 DropDown（下拉式组合框），并向其 Items 属性添加字符串集合：北京大学、清华大学等大学名称。

（3）将组合框 ComboBox2 的 DropDownStyle 属性设置为 Simple（简单组合框），并向其 Items 属性添加字符串集合：计算机、电子学等专业名称。

（4）将组合框 ComboBox3 的 DropDownStyle 属性设置为 DropDownList（下拉式列表框），并向其 Items 属性添加字符串集合：博士、硕士等学历名称。

3 个组合框中，除 ComboBox3（下拉式列表框，存放学历）只能从列表中选择外，其余内容（大学名称和专业名称）既可以从列表框中选择，又可以由用户输入。

编写的两个事件过程如下：

```
    Private Sub Form1_Load(…) Handles MyBase.Load
        ComboBox1.Text = ComboBox1.Items(0)
        ComboBox2.Text = ComboBox2.Items(0)
        ComboBox3.Text = ComboBox3.Items(0)
    End Sub
    Private Sub Button1_Click(…) Handles Button1.Click              '确定
```

```
TextBox1.Text = ComboBox1.Text & ComboBox2.Text & "专业" & ComboBox3.Text
    End Sub
```
程序运行时，用户在各组合框中选择内容之后，单击"确定"按钮，效果如图 6.11 所示。

6.4　常用算法

使用计算机解题时，首先要找到问题的解决方法，再选用语句来实现这些解决方法，例如，前面例 6.7 介绍的求最大公约数的问题，应该先从数学的角度找到问题的求解方法（如辗转相除法），然后再选择使用什么样的控制结构、控制语句来实现这些解法。在编写代码前必须确定解决问题的思路和方法，并正确地写出求解步骤，这就是算法。

算法是对某个问题求解过程的描述。常用的算法有：穷举法、递推法、排序法、查找法、递归法等。本节将介绍几种常用且易学的算法，后面还会陆续涉及这方面的内容。

1．累加、累乘和计数

在循环程序中，常用累加、累乘、计数等来完成各种计算任务。上面例 6.2 和例 6.3 已经介绍了累加、累乘的简单方法。常用的几种方法介绍如下。

- 累加：在原有和的基础上每次加一个数，如 s = s + k。
- 累乘：在原有积的基础上每次乘一个数，如 t = t * c。
- 计数：每次加 1，如 n = n + 1。
- 字符串连接：每次连接一个字符串，如 y = y & x（其中 x、y 为字符串变量）。

2．穷举法

穷举法也称为枚举法，它是计算机解题常用的一种方法。其做法是：从所有可能解中，逐个进行试验，若满足条件，就得到一个解，否则不是解。直到条件满足或判别出无解为止。

【例 6.14】　百元买百鸡问题。用 100 元买 100 只鸡，母鸡 3 元 1 只，小鸡 1 元 3 只，问各应买多少只？

下面采用穷举法来解此题。令母鸡为 x 只，小鸡为 y 只，根据题意可知 y=100-x，开始先让 x 初值为 1，以后逐次加 1，求 x 为何值时，条件 3*x+y/3=100 成立。如果当 x 达到 30 时还不能使条件成立，则可以断定此题无解。因为买的母鸡数不可能超过 30，超过 30 就不能买到100 只鸡。

程序代码如下：

```
Private Sub Form1_Click(…) Handles Me.Click
    Dim x, y As Integer
    For x = 1 To 30
        y = 100 - x
        If 3 * x + y / 3 = 100 Then
            Debug.Print("母鸡只数为: " & x)
            Debug.Print("小鸡只数为: " & y)
        End If
    Next x
End Sub
```

运行时单击窗体，在即时窗口中输出结果：

母鸡只数为：25
小鸡只数为：75

3. 递推法

递推法也称为迭代法，其基本思想是把一个复杂的计算过程转化为简单过程的多次重复。每次重复都从旧值的基础上递推出新值，并由新值代替旧值。

【例 6.15】 用递推法求 $x=\sqrt{a}$，求平方根的递推公式为：

$$x_{n+1} = \frac{1}{2}\left(x_n + \frac{a}{x_n}\right)$$

通过 InputBox 函数输入 a 值，并以 a 作为 x 的初值。要求前后两次求出的 x 之差的绝对值小于 10^{-5}。

分析：这是一个"递推"问题，先从初值 a 推出第一个 x 值 [即 x=(a+a/a)/2]，再以该 x 值（旧值）推出 x 的新值 [即 x=(x+a/x)/2]，依次向前推，每次以 x 旧值推出 x 的新值。当 x 旧值与新值之差的绝对值小于 10^{-5} 时，x 新值即为所求的值。

程序代码如下：

```
Private Sub Form1_Click(…) Handles Me.Click
    Dim a, xn0, xn1 As Single                  '用 xn0 表示旧值，xn1 表示新值
    a = Val(InputBox("请输入一个正数"))
    xn1 = a                                    '以 a 作为 x 的初值
    Do
        xn0 = xn1                              '给定旧值
        xn1 = (xn0 + a / xn0) / 2              '计算新值
    Loop While Math.Abs(xn0 - xn1) >= 0.00001  '判断
    Debug.Print(a & "的平方根为" & xn1)
End Sub
```

程序运行后，如果输入的 a 值为 3，则输出结果如下：

3 的平方根为 1.732051

6.5 程序举例

【例 6.16】 输入一个正整数，然后把该数的每位数字按逆序输出。例如，输入 3485，则输出 5843；输入 100000，则输出 000001。

采用两种不同解法。

（1）数值处理方法：① 通过表达式 x Mod 10 取出该整数 x 的个位数并输出，例如，x=3485，则取出 5；② 利用赋值语句 x = x\10 截去 x 的个位数，例如，x=3485，处理后 x=348；③ 重复执行①和②，直到 x<10，最后输出一次 x。

程序代码如下：

```
Private Sub Form1_Click(…) Handles Me.Click
    Dim x As Long
    x = Val(InputBox("请输入一个正整数"))
```

```
    Do While x >= 10
        Debug.Write(x Mod 10)
        x = x \ 10
    Loop
    Debug.Write(x)
End Sub
```

（2）字符串处理方法：把该整数作为一个数字字符串，从字符串后部往前逐个取出字符，即可实现按逆序输出。

程序代码如下：

```
Private Sub Form1_Click(…) Handles Me.Click
    Dim x As String, k As Integer
    x = InputBox("输入一个正整数")              '把该数以字符串方式赋值给变量 x
    For k = Len(x) To 1 Step −1
        Debug.Write(Mid(x, k, 1))               '从后部往前逐个取出字符并显示
    Next k
End Sub
```

【例 6.17】求解 s = 1! + 2! + 3! + … + 10! 的值。

采用两种不同解法。

（1）解法一：采用二重循环，外循环 10 次，每次循环计算一次阶乘，把每次阶乘值累加起来，即得求解结果。

程序代码如下：

```
Private Sub Form1_Click(…) Handles Me.Click
    Dim s, t As Long, j, k As Integer
    s = 0
    For j = 1 To 10                             '计算 10 次阶乘
        t = 1                                   '计算 1 次阶乘前，先赋初值
        For k = 1 To j                          '计算 j!，需要循环 j 次
            t = t * k                           '连乘 j 次
        Next k
        s = s + t                               '把每次计算得到的阶乘值 t 累加
    Next j
    Debug.Print(s)
End Sub
```

（2）解法二：这 10 个阶乘有一个特点，后一个阶乘为上一个阶乘再乘以一个数，如 2!=1!×2，3!=2!×3，…，$k!=(k-1)!×k$。根据这一特点，程序只需采用单重循环就可以求解。

程序代码如下：

```
Private Sub Form1_Click(…) Handles Me.Click
    Dim s, t As Long, k As Integer
    s = 0 : t = 1
    For k = 1 To 10                             '循环 10 次，每次求 1 个阶乘
        t = t * k                               '求 k!，其值等于(k-1)!*k，即 t*k
```

```
            s = s + t                          '每次加入一个阶乘值 t
        Next k
        Debug.Print(s)
End Sub
```

【例 6.18】 取 1 元、2 元、5 元的硬币共 15 枚，付给 30 元钱，问有多少种不同的取法？

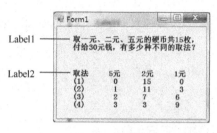

图 6.12　例 6.18 程序运行结果

（1）分析：设 1 元硬币为 a 枚，2 元硬币为 b 枚，5 元硬币为 c 枚，可列出方程式如下。

$$\begin{cases} a+b+c=15 \\ a+2b+5c=30 \end{cases}$$

利用二重循环，设外循环的循环变量为 a，a 从 0～15，设内循环的循环变量为 b，b 从 0～15，而 c=15-a-b 且 c 不能小于 0。代码中逐一判断这样得到的 a、b、c 是否满足 a+2*b+5*c=30，满足时即为一组解。代码中采用计数器 n=n+1 来记录有多少种取法。

（2）如图 6.12 所示，在窗体上添加 2 个标签，上方标签用于显示题目，下方标签用于显示执行结果。

（3）程序代码如下：

```
Private Sub Form1_Click(…) Handles Me.Click
    Dim n, a, b, c As Integer, s As String = Space(5)
    Label1.Text = "取一元、二元、五元的硬币共 15 枚，" & vbCrLf
    Label1.Text = Label1.Text & "付给 30 元钱，有多少种不同的取法？"
    Label2.Text = "取法" & s & "5 元" & s & "2 元" & s & "1 元" & vbCrLf
    n = 0                                          '记录解的组数
    For a = 0 To 15
        For b = 0 To 15
            c = 15 - b - a
            If a + 2 * b + 5 * c = 30 And c >= 0 Then
                n = n + 1
                Label2.Text &= "(" & n & ")" & Space(7) & c & Space(6) _
                              & b & Space(7) & a & vbCrLf
            End If
    Next b, a                                      '合并两条 Next 语句
End Sub
```

程序运行结果如图 6.12 所示。

【例 6.19】 编制程序，把一批课程名放入组合框中，再对组合框进行列表项显示、添加、删除、全部删除等操作。

设计步骤如下。

（1）如图 6.13 所示，在窗体上添加 2 个标签、1 个组合框、1 个文本框和 4 个命令按钮。

（2）设置组合框 ComboBox1 的 DropDownStyle 属性为 DropDown（下拉式组合框），TabIndex（键序）为 0。

图 6.13　例 6.19 的运行界面

（3）各按钮的功能。

①"添加"（Button1）：用户在组合框中输入要添加的列表项内容，单击"添加"按钮，即可加入该列表项内容。

②"删除"（Button2）：在组合框中选定某一列表项，单击"删除"按钮，即可删除该列表项。

③"全清"（Button3）：单击"全清"按钮，清除组合框中的全部列表项。

④"退出"（Button4）：单击该按钮，结束程序的运行。

（4）编写的 5 个事件过程如下：

```
Private Sub Form1_Load(…) Handles MyBase.Load
        ComboBox1.Items.Add("电子商务")                      '添加一批课程名
        ComboBox1.Items.Add("网页制作")
        ComboBox1.Items.Add("Internet 简明教程")
        ComboBox1.Items.Add("计算机网络基础")
        ComboBox1.Items.Add("多媒体技术")
        ComboBox1.Text = ""                                 '置空值
        TextBox1.Text = ComboBox1.Items.Count               '列表项总数
End Sub
Private Sub Button1_Click(…) Handles Button1.Click          '添加
    If Len(ComboBox1.Text) > 0 Then
        ComboBox1.Items.Add(ComboBox1.Text)
        TextBox1.Text = ComboBox1.Items.Count
    End If
    ComboBox1.Text = ""
    ComboBox1.Focus()
End Sub
Private Sub Button2_Click(…) Handles Button2.Click          '删除
    Dim ind As Integer
    ind = ComboBox1.SelectedIndex
    If ind < > -1 Then                                      '-1 表示未选定列表项
        ComboBox1.Items.RemoveAt(ind)                       '删除已选定的列表项
        TextBox1.Text = ComboBox1.Items.Count
    End If
    ComboBox1.Text = ""
End Sub
Private Sub Button3_Click(…) Handles Button3.Click          '全清
    ComboBox1.Items.Clear()
    TextBox1.Text = 0
    ComboBox1.Text = ""
```

```
            End Sub
       Private Sub Button4_Click(…) Handles Button4.Click              '退出
            End
       End Sub
```
程序运行效果如图 6.13 所示。

习题 6

一、单选题

1. 执行下列程序段，在即时窗口中显示_____。

```
Dim s, k As Integer
s = 0
For k = 10 To 50 Step 15
    s = s + k
Next k
Debug.Print(s)
```

    A）20   B）130   C）75   D）55

2. 执行下列程序段，在消息框中显示_____。

```
Dim i, s As Integer
s = 0
For i = 1 To 6
    If i <= 4 Then
        s = s + 1
    Else
        s = s + 2
    End If
Next i
MsgBox(s)
```

    A）7   B）8   C）9   D）10

3. 以下程序段所计算的数学式是_____。

```
Dim s, n As Integer
s = 1 : n = 2
Do While n < 1000
    s = s + n
    n = n + 2
Loop
Debug.Print("s=" & s)
```

    A）$s = 1 + 2 + 4 + 6 + \cdots + 998$ B）$s = 1 + 2 + 4 + 6 + \cdots + 1000$

    C）$s = 2 + 4 + 6 + \cdots + 998$ D）$s = 2 + 4 + 6 + \cdots + 1000$

4. 执行下列程序段，在文本框 TextBox1 中显示_____。

```
Dim x, y As Integer
```

```
y = 0
For k = 1 To 10
    x = Int(Rnd() * 90 + 10)
    y = y + x Mod 2
Next k
TextBox1.Text = y
```

A）10 个数中偶数的累加和　　　　B）10 个数中奇数的累加和

C）10 个数中偶数的个数　　　　　D）10 个数中奇数的个数

5．数列 0，1，1，2，3，5，8，… 称为波契纳数列，它的前两个数是 0 和 1，以后每一个数都是前两个数之和。输出这个数列的前 20 个数。

采用递推法可以求解该序列问题。将下列程序代码补充完整。

```
Dim a, b, c, k As Integer
a = 0 : b = 1
Debug.Print(a)
Debug.Print(b)
For k = 3 To 20
    ___(1)___
    Debug.Print(c)
    ___(2)___
    ___(3)___
Next k
```

（1）A）c=a　　　　B）c=a+b　　　　C）c=b　　　　D）a=c+b

（2）A）b=a　　　　B）a=c　　　　　C）a=b　　　　D）c=b

（3）A）b=a　　　　B）b=c　　　　　C）a=b　　　　D）c=a

6．分析下列程序段，回答以下问题：

（1）语句 s=s+n 被执行的次数为_____。

（2）执行程序段后，变量 s 的值是_____。

```
Dim s, m, n As Integer
s = 0
For m = 1 To 3
    n = 1
    Do While n <= m
        s = s + n
        n = n + 1
    Loop
Next m
```

（1）A）3　　　　B）4　　　　　C）5　　　　　D）6

（2）A）4　　　　B）7　　　　　C）10　　　　　D）15

7．下列程序段在调试时出现了死循环。

```
Dim n As Single
n = InputBox("请输入一个整数")
```

```
Do Until n = 100
    If n Mod 2 = 0 Then
        n = n + 1
    Else
        n = n + 2
    End If
Loop
MsgBox("正常结束!")
```

下面关于死循环的叙述中正确的是_____。

A）只有输入的 n 是偶数时才会出现死循环，否则不会

B）只有输入的 n 是奇数时才会出现死循环，否则不会

C）只有输入的 n 是大于 100 的整数时才会出现死循环，否则不会

D）输入不是 100 的任何整数都会出现死循环

8．下列叙述中错误的是_____。

A）列表框和组合框都有 Items 属性

B）组合框有 Text 属性，而列表框没有

C）列表框和组合框都有 SelectedIndex 属性

D）组合框有 DropDownStyle 属性，而列表框没有

9．读取列表框 ListBox1 中的第 3 个列表项值，把值赋给变量 x，可以采用_____。

A）x=ListBox1.Items(3)   B）x=ListBox1.Text(2)

C）ListBox1.GetSelected(2)=True   D）ListBox1.SelectedIndex=2

　　x = ListBox1.Text   x = ListBox1.Text

二、填空题

1．执行下列程序段，在消息框中显示___(1)___。

```
Dim i, j, cont As Short
cont = 0
For i = 1 To 30
    For j = 7 To 2 Step -2
        cont += 1
    Next j
    If i > 4 Then Exit For
Next i
MsgBox(cont)
```

2．执行下列程序段，在即时窗口中显示___(2)___。

```
Dim s, a, b, x, y As String, k As Short
s = "ABCDEFGH" : y = ""
For k = 1 To Len(s) Step 3
    x = Mid(s, k, 2)
    a = Strings.Left(x, 1)
    b = Strings.Right(x, 1)
```

```
        y = a & b & y
    Next
    Debug.Print(y)
```

3. 如果规定在列表框中每次只能选择一个列表项，则必须将其 SelectionMode 属性设置为____(3)____。

4. 在窗体上有 1 个列表框 ListBox1 和 1 个标签 Label1，并编写如下 3 个事件过程：

Private Sub Form1_Load(…) Handles MyBase.Load
```
    ListBox1.Items.Add("ItemA")
    ListBox1.Items.Add("ItemB")
    ListBox1.Items.RemoveAt(1)
    ListBox1.Items.Add("ItemC")
    ListBox1.Items.Insert(1, "ItemD")
    ListBox1.Items.RemoveAt(2)
```
End Sub
Private Sub Form1_Click(…) Handles Me.Click
```
    Label1.Text = ListBox1.Items(ListBox1.Items.Count - 1)
```
End Sub
Private Sub ListBox1_DoubleClick(…) Handles ListBox1.DoubleClick
```
    Label1.Text = ListBox1.Text
```
End Sub

运行程序后，开始时在列表框中显示的列表项内容是____(4)____及____(5)____。单击窗体，则在标签中显示____(6)____。当双击列表框中的列表项"ItemA"时，则在标签中显示____(7)____。

上机练习 6

1. 用 For 循环语句编写程序代码，计算 1～100 范围内的奇数和。

2. 为计算 $s = 1×2 + 3×4 + 5×6 + 7×8 + \cdots + 99×100$ 的值，某学生编写代码如下：

Private Sub Button1_Click(…) Handles Button1.Click
```
    Dim k, s As Integer
    k = 2 : s = 0
    Do While k < 101
        k = k + 2
        s = s + k * (k - 1)
    Loop
    MsgBox("计算结果：" & s)
```
End Sub

调试时发现运行结果有错误，需要修改。请从下面的 4 个修改选项中选择一个正确选项，并对修改后的程序进行上机验证。

A）把循环前的赋值语句 k=2 改为 k=0

B）把循环条件 Do While k<101 改为 Do While k<=100

C）调换循环体内两条赋值语句 k=k+2 和 s=s+k*(k-1)的位置

D）把语句 s=s+k*(k-1)改为 s=s+k*(k+1)

3．求级数 $S = 1/(1+1 \times 1) + 2/(1+2 \times 2) + 3/(1+3 \times 3) + \cdots + n/(1+n \times n)$ 的前 200 项之和（取两位小数，第 3 位小数四舍五入）。

4．如果一个 3 位整数等于它各位上的数字的立方和，则此数为"水仙花数"，如 $153=1^3 + 5^3 + 3^3$。编制程序求所有水仙花数。

提示：处理的关键是求出 3 位数中的百位数字、十位数字和个位数字，请参考第 4 章上机练习 4 第 1 题。

5．某 4 位数 ABCD 能被 78 整除，它的前 2 位数字相同，后 2 位数字也相同，即 A=B，C=D，求出这个数。

6．在窗体上建立了 2 个文本框 TextBox1 和 TextBox2，以及 1 个命令按钮 Button1，用户在文本框 TextBox1 中输入文本，单击命令按钮时则从文本框 TextBox1 中取出英文字母，并按输入顺序显示在文本框 TextBox2 中，如输入"12aA3b4B5"，则在文本框 TextBox2 中显示"aAbB"。请填空并上机调试。

```
Private Sub Button1_Click(…) Handles Button1.Click
        Dim s, x, t, y As String, k As Integer
        s = Trim(TextBox1.Text)
        y = ""
        For k = 1 To __(1)__
            x = __(2)__
            t = UCase(x)
            If t >= "A" And t <= "Z" Then
                y = __(3)__
            End If
        Next k
        TextBox2.Text = y
End Sub
```

7．利用单循环在标签上输出有规则图案，如图 6.14 所示。

8．猜数字。设有算式：

```
    A B C D
-)  B A A C
------------
    D D A
```

A、B、C、D 均为非负非零的 1 位数字。算式中的 ABCD 及 BAAC 为 4 位数，DDA 为 3 位数，编写程序，找出满足以上算式的 A、B、C、D。

提示：对 4 个 1 位数字的所有可能的组合，检测以上算式是否成立，可用 4 重循环实现。

图 6.14　要输出的图案

第7章 数 组

在前面的程序中，所涉及的数据不太多，使用简单变量就可以进行存取和处理，但对于成批数据的处理，就要用到数组了。在程序中数组和循环语句结合起来使用，可大大提高数据处理的效率，简化编程的工作量。

7.1 数组概述

在实际应用中，常常需要处理成批的数据，例如统计一个班、一个年级，甚至全校学生的成绩，若按简单变量进行处理，就非要引入很多个变量名不可。例如，为了存储和统计 100 名学生的成绩，就得命名 100 个变量，这很不方便。如果学生人数更多或课程门数更多，就变得很困难了。使用数组，可以用一个数组名代表一批数据，例如可以用一个数组 t 来存放上述 100 名学生的成绩，这时，这些学生成绩就表示为：

   t(1),t(2),t(3),…,t(100)

其中，t(k)（k=1,2,3,…,100）称为数组元素（或称下标变量），它表示第 k 名学生的成绩，k 称为下标（或称索引号），用来区分每个数组元素。

数组是一组相同类型的数据的集合。数组元素中下标的个数称为数组的维数。上述成绩数组 t 只有一个下标，称为一维数组。

对于可以表示成表格形式的数据，如矩阵、行列式等，可以用具有两个下标的二维数组来表示。例如，有 10 名学生，每名学生有 5 门课的成绩，如表 7.1 所示。这些成绩可以用具有两个下标的数组 a 来表示。其中第 1 个下标 i（i=1,2,…,10）表示学生号，称为行下标；第 2 个下标 j（j=1,2,…,5）表示课程号，称为列下标，则 a(i,j)表示第 i 行第 j 列的元素，如 a(1,1) 表示第 1 名学生（学生 1）的语文成绩，a(1,2) 表示第 1 名学生的外语成绩等。

表 7.1 学生成绩表

姓名	语文	外语	数学	物理	化学
学生 1	69	93	83	65	81
学生 2	90	79	91	90	95
…	…	…	…	…	…
学生 10	86	65	72	80	92

根据问题的需要，还可以使用三维数组、四维数组等多维数组。

7.2 数组的声明及初始化

7.2.1 数组的声明

在程序中使用某个数组之前，必须对该数组进行定义，定义数组采用数组声明语句，其语法格式为：

Dim 数组名(下标上界 1[, 下标上界 2] …) As 数据类型

功能：定义数组，包括确定数组的名称、维数、各维的下标上界和数组元素的数据类型。

例如：

Dim Sum(10) As Double   '定义双精度一维数组 Sum，下标 0～10，共 11 个元素

Dim d(5,20) As Integer   '定义整型二维数组 d，下标 0～5 和 0～20，共 126 个元素

说明：

① 数组名的命名规则与变量名相同。在同一过程中（如事件过程等），数组名与变量名不能同名。

② 下标上界规定了数组每一维下标的上界，可以是数值型的常数、变量或表达式。

③ 数组每一维下标的下界从 0 开始，每一维的定义也可以写成"0 To 下标上界"，如 Dim Sum(0 To 10) As Double。

④ 声明数组后，系统自动对数组元素进行初始化取零值（如将数值型数组元素值置为 0）。

7.2.2 数组元素的引用

声明数组后，就可以引用数组中的元素。访问数组的方法与访问简单变量的方法相似，只是必须加上对应的数组下标，数组元素的引用格式为：

数组名(下标,…)

例如，m(1)表示一维数组 m 中下标为 1 的元素，a(2,2)表示二维数组 a 中行下标和列下标均为 2 的元素。

下标可以是常数值，也可以是变量（包括数组元素）或表达式，如 d(s(3))，若 s(3)=2，则 d(s(3)) 就是 d(2)。当下标值带有小数部分时，系统会自动对它四舍五入取整，如 x(7.7)将作为 x(8)处理。

引用数组元素时，下标值必须在数组定义的各维的上下界之内。例如：

Dim Arry(10) As Integer

Arry(11) = 1

运行时将出现"数组下标越界"错误。

【例 7.1】 输入某小组 5 名同学的成绩，计算总分和平均分（取小数后一位数字）。

程序代码如下：

```
Private Sub Form1_Click(…) Handles Me.Click
    Dim d(5) As Integer
    Dim total, i As Integer, average As Single
    For i = 1 To 5                              '输入成绩
        d(i) = Val(InputBox("输入第" & i & "名学生的成绩", "输入成绩"))
    Next i
    total = 0
    For i = 1 To 5                              '计算总分
        total = total + d(i)
    Next i
    average = total / 5                         '计算平均分
    Debug.Print("总分：" & total)
    Debug.Print("平均分：" & Format(average, "##.0"))
```

End Sub

说明：

① 程序代码中先通过 Dim 语句声明一维整型数组 d,该数组含有 d(0)～d(5)共 6 个数组元素，为直观起见，本例不用第 1 个数组元素 d(0)，仅使用其他 5 个数组元素 d(1)～d(5)。

② 通过 2 个 For 循环来实现数组的输入和数据累加。在第 1 个 For 语句中，第 1 次循环 i=1 时，输入的数据赋给 d(1)，第 2 次循环 i=2 时，输入的数据赋给 d(2)，……，第 5 次循环 i=5 时，输入的数据赋给 d(5)。

③ 第 2 个 For 语句的作用是将 d(1)～d(5)共 5 个数组元素依次累加到 total 变量中。

可以看出，利用循环语句可以按一定规则控制数组的下标变化，从而很方便地选择到所需的数组元素。

7.2.3 数组的初始化

使用 Dim 语句定义数组时，系统自动对数组元素进行初始化置零值。在实际应用中，有时希望数组元素具有其他的初始值，就可以在定义数组的同时为数组元素指定初始值。

1. 一维数组初始化

其格式如下：

　　Dim 数组名()[As 数据类型]={值 1, 值 2, …, 值 n}

说明：对数组进行初始化时，不能指定数组上界，数组名后面的圆括号内必须为空，系统将根据初始值的个数确定数组的上界。可以省略"As 数据类型"，甚至省略圆括号。

例如：

　　Dim s() As Integer={1, 2, 3, 4}

该语句定义了一个 Integer 类型一维数组 s,该数组有 4 个初值，因而数组的上界为 3，并对这 4 个元素进行初始化，即：s(0)=1, s(1)=2, s(2)=3, s(3)=4。

2. 二维数组初始化

其格式如下：

　　Dim 数组名(,)[As 数据类型]={{第 1 行值序列},{第 2 行值序列},…}

说明：①数组名后面的圆括号内必须有一个逗号","，系统将据此确定数组是 2 维的；②内层花括号{}的对数确定二维数组的行数，而其中的值的个数决定了二维数组的列数。

进一步在花括号内再嵌套花括号，可以创建多维数组并对其初始化。

【例 7.2】 产生一批 50～100 随机数，作为表 7.1 中 10 名学生 5 门课的成绩，然后算出每门课的平均分。

分析：对于这样一个 10 行 5 列的成绩表，可用一个二维数组 a(10,5)来表示。并采用两个二重循环来实现程序的功能，第 1 个二重循环为二维数组输入数据，第 2 个二重循环用于求各列（每门课）的成绩总分。

在计算 5 门课成绩总分时，外循环 j 控制列的变化，内循环 i 控制行的变化。第 1 次外循环时 j 值为 1（表示第 1 列），i 从 1 变化到 10（表示第 1 行到第 10 行），于是累加 a(1,1), a(2,1), …, a(10,1)这 10 个数组元素之和（即第 1 门课"语文"成绩总分），临时结果存放在变量 s 中。s 每次累加前清 0(s=0)。

第 2 次外循环时 j 值为 2（表示第 2 列），i 从 1 变化到 10，于是累加 a(1,2)，a(2,2)，…，a(10,2) 这 10 个数组元素之和（即第 2 门课"外语"成绩总分），临时结果存放在变量 s 中，…依次类推。

编写的程序代码如下：

```
Private Sub Form1_Click(…) Handles Me.Click
    Dim a(10, 5), i, j, s As Integer                              '二维数组 a 存放成绩数据
    Dim ke() As String ={"语文","外语","数学","物理","化学"}      '存放课程名
    Randomize()
    For i = 1 To 10                                               '控制行数
        For j = 1 To 5                                            '控制列数
            a(i, j) = Int(51 * Rnd() + 50)                        '随机数存放在数组的第 i 行 j 列中
        Next j
    Next i
    For j = 1 To 5                                                '控制列数
        s = 0                                                     '累加前清 0
        For i = 1 To 10                                           '控制行数
            s = s + a(i, j)                                       '累加同一列数组元素值
        Next i
        Debug.Print(ke(j - 1) & "科的平均分：" & Format(s / 10, "##.0"))
    Next j
End Sub
```

运行结果如图 7.1 所示。如果还需要求出 10 名学生的平均分，请读者想一想，程序代码又该如何改动？

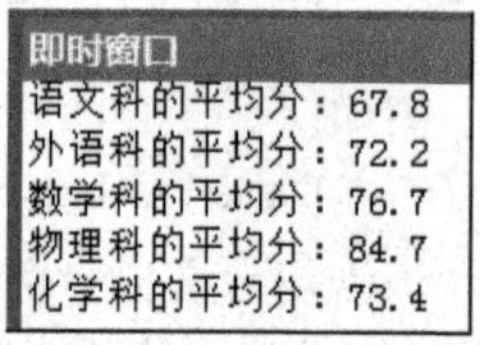

```
即时窗口
语文科的平均分：67.8
外语科的平均分：72.2
数学科的平均分：76.7
物理科的平均分：84.7
化学科的平均分：73.4
```

图 7.1　例 7.2 的输出结果

7.3　数组的输入、输出及函数

1．数组的输入

数组的输入是指给数组元素赋值，就像给简单变量赋值一样，有多种方法，可以通过数组初始化、InputBox 函数或文本框等来输入数据。

使用 InputBox 函数为数组元素赋值，增强了与用户的交互性。但使用 InputBox 函数要等待用户输入，因此这种方法不适合大批量的数据输入。

对于大量数据的输入，可以通过多行文本框来实现。

2．数组的输出

因为每个数组元素都是一个数据，所以输出数组元素与输出其他数据一样，可以使用标签、文本框、列表框、组合框等来实现。

【例 7.3】　利用多行文本框输入一系列数字数据，数据之间以逗号"，"为分隔符，输入完成后将数据按分隔符分离并保存在数组中。

（1）参照图 7.2 设计界面。文本框 TextBox1 用于输入数字串，其 Multiline 属性设置为 True

（允许多行输入）。列表框 ListBox1 用于保存分离出来的数字字符数据。

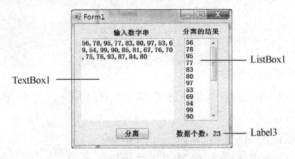

图 7.2　例 7.3 的运行效果

（2）处理方法：通过文本框输入的数字字符数据用 s 表示，假设 s="11,22,33"。首先通过函数 p=InStr(s,",")从字符串 s 中查找第 1 个逗号，此时 p=3，从 s 中读出前头的一个子字符串"11"添加到列表框 ListBox1 中，并从 s 中去掉该子字符串和随后的逗号（s 改为新值"22,33"），照此进行下去，直到找不到逗号（p=0）为止。因为数字字符数据个数未知，程序中采用 Do While 循环来实现。

列表框 ListBox1 的 Items 属性是一个字符串数组，经过上述处理后，该数组的每一个元素 Items(i)保存着一个数字字符数据。

（3）程序代码如下：

```
Private Sub Button1_Click(…) Handles Button1.Click        '分离
    Dim s As String, p As Integer
    s = TextBox1.Text
    ListBox1.Items.Clear()
    p = InStr(s, ",")                                      '查找逗号","
    Do While p > 0                                         '找到逗号时执行循环
        ListBox1.Items.Add(Strings.Left(s, p - 1))         '取出前面一个数据，添加到列表框中
        s = Mid(s, p + 1)                                  '获取剩余数字串
        p = InStr(s, ",")                                  '再找逗号","
    Loop
    ListBox1.Items.Add(s)                                  '保存最后一项
    Label3.Text = "数据个数：" & ListBox1.Items.Count
End Sub
```

3．数组操作函数

VB.NET 提供了一些与数组操作有关的函数，以下介绍常用的几个函数。

（1）UBound 函数

函数格式如下：

```
UBound(数组名[,n])
```

功能：返回数组第 n 维的下标上界值。

其中，n 为 1 表示第一维，n 为 2 表示第二维，……。如果省略 n，则默认为 1。

例如，要输出一维数组 d 的各个元素值，可以通过下面的代码：

```
For k = 0 To UBound(d)
```

```
        Debug.Print(d(k))
    Next k
```

（2）Join 函数

函数格式如下：

```
Join(一维字符串数组名[,分隔符])
```

功能：将一维字符串数组中的各元素（子字符串）连接成一个字符串，连接时各子字符串之间加上分隔符。

若省略分隔符，则默认使用空格来分隔子字符串。

例如，执行以下代码，在即时窗口中显示"数组操作函数"。

```
Dim a = {"数组", "操作", "函数"}
Dim s As String
s = Join(a, "")                      '分隔符为空字符串
Debug.Print(s)
```

（3）Split 函数

函数格式如下：

```
Split(字符串表达式[,分隔符])
```

功能：以指定的分隔符，将字符串表达式指定的字符串分离为若干个子字符串，赋值给一个一维字符串数组。

例如，执行以下代码，在即时窗口中显示"数组操作函数"。

```
Dim s As String = "数组*操作*函数"
Dim a() As String
a = Split(s, "*")                    '分隔符为星号"*"
Debug.Print(a(0) & a(1) & a(2))
```

【例 7.4】 调用 Split 函数来实现例 7.3 的程序功能。

利用 Split 函数，可将例 7.3 的程序代码改写成：

```
Private Sub Button1_Click(…) Handles Button1.Click    '分离
    Dim t() As String                                 '声明数组 t，供 Split()函数使用
    Dim i As Integer
    ListBox1.Items.Clear()
    t = Split(TextBox1.Text, ",")                     '以逗号为分隔符分离，子串放入数组 t 中
    For i = 0 To UBound(t)                            'UBound(t) 函数返回数组 t 的下标上界值
        ListBox1.Items.Add(t(i))
    Next i
    Label3.Text = "数据个数：" & UBound(t) + 1
End Sub
```

7.4　数组的重新定义

从上面可以看到，通过 Dim 声明的数组，其维数及各维的大小（上界）是不能改变的。但有时会遇到这种情况，在程序设计阶段，并不知道所需要的数组到底多大才合适。如果在程序一开始，就声明一个大数组，这些存储区长期被占用，会降低系统效率。所以希望能够在运行过程

中动态改变数组的大小，这可以通过 ReDim 语句来实现。

ReDim 语句格式：

ReDim[Preserve] 数组名(下标上界 1[, 下标上界 2] …)

功能：更改某个已声明数组的一个维或多个维的大小。

说明：

① Dim 语句可以出现在程序代码的任何地方，而 ReDim 语句只能出现在过程中（如事件过程）。

② ReDim 语句只能改变数组每一维的大小，不能改变数组的维数，也不能改变数组的数据类型。

③ 每次执行 ReDim 语句时，数组中的内容将被清除，若要保留数组中原有的数据，可以在 ReDim 语句中使用 Preserve 选择项。

【例 7.5】 ReDim 语句应用示例。

```
Private Sub Form1_Click(…) Handles Me.Click
    Dim a(5), k, x, j As Integer
    ReDim a(500)                               '动态改变数组 a 的大小
    k = 0
    For x = 1000 To 2000 Step 3
        If x Mod 8 = 0 Then
            k = k + 1
            a(k) = x                           '存入数据
        End If
    Next x
    ReDim Preserve a(k)                        '重新定义数组 a，并保留原有数据
    For j = 1 To k
        Debug.Write(a(j) & Space(2))
        If j Mod 10 = 0 Then Debug.Write(vbCrLf)
    Next j
End Sub
```

7.5 For Each…Next 语句

For Each…Next 语句构成一个循环，用来遍历数组中的所有元素并执行某些处理，语法格式：

For Each 变量 In 数组名
  循环体
  [Exit For]
Next 变量

功能：先将数组中的第 1 个元素值赋给变量，然后执行循环体的语句，如果数组中还有其他元素，则继续将下一个元素值赋给变量，再执行循环体，直至将数组中的所有元素处理完毕，便会退出循环。

该语句不需要多重循环，便能自动访问数组中的每一个元素。在不知道数组中元素的数目时

非常有用。不过使用 For Each…Next 语句有以下限制：

● 数据只能读取，不能写入。

● 每个元素都要访问，不能选择部分元素。

【例7.6】 用 For Each…Next 语句，求 1!＋2!＋ … ＋10! 的值。

程序代码如下：

```
Private Sub Form1_Click() Handles Me.Click
        Dim a(10), sum, t As Long, n As Integer
        t = 1
        For n = 1 To 10
            t = t * n
            a(n) = t
        Next n
        sum = 0
        For Each x In a
            sum = sum + x
        Next x
        Debug.Print("1! + 2! + 3! +  … + 10! = " & sum)
End Sub
```

7.6　结构类型及其数组

前面介绍的变量只能存放某种类型的一个数据，但在实际应用中，有时需要让单个变量含有几个相关的不同类型的数据。例如，要保存一名学生的基本信息，包括学号、姓名、性别和电话号码。这时可以定义一个包含 4 个成员的结构，这 4 个成员分别表示学生的学号、姓名、性别和电话号码，这样就可以把属于一个人的、由不同类型构成的数据作为一个整体来看待，成为一种复合数据类型，这就是 VB.NET 中的 Structure 结构数据类型。

7.6.1　结构类型

1. 结构类型的定义

结构类型用 Structure 语句来定义，其一般语法格式如下：

```
Structure 结构类型名
    Dim 成员名 1 [As 类型]
    Dim 成员名 2 [As 类型]
    …
End Structure
```

Structure 语句可以在窗体文件的常规声明段或窗体模块的声明段中定义，但不能在过程内部定义。

例如，定义一个名称为 StuType 的结构类型，包括学生的学号、姓名、性别和电话号码，代码如下：

```
Structure StuType                                   '结构类型名为 StuType
```

```
        Dim no As String                    '学号
        Dim name As String                  '姓名
        Dim sex As Char                     '性别
        Dim tel As String                   '电话号码
    End Structure
```

2．结构变量的声明

定义了结构类型后，就可以声明结构变量来使用该结构类型。格式为：

    Dim 结构变量名 As 结构类型名

例如，如下语句：

    Dim Stud As StuType

声明了 Stud 为 StuType 结构类型的变量。

注意：结构类型和结构变量是不同的概念，前者是如同 Integer、String 等的类型名，它仅仅是指定了这个类型的组织结构，后者按照系统为该类型分配的内存空间，存贮各成员数据。

3．结构变量成员的引用

声明了结构变量之后，可以使用该变量进行赋值、输入/输出、运算等操作。一般情况下，参与操作的是结构变量中的成员。引用成员的一般格式为：

    结构变量名.成员名

例如，要表示结构变量 Stud 中的学号和姓名，可以写成：

    Stud.no
    Stud.name

因为每个成员名前缀都要加上结构变量名（如 Stud），这种书写太烦琐。如果需要操作的成员比较多，可利用 With 语句进行简化。

With 语句格式如下：

    With 对象名
         语句组
    End With

在 With…End With 之间，可省略对象名，仅用点"."和成员名表示即可。

例如，对结构变量 Stud 中的所有成员赋值，可以采用以下任何一种方法来实现。

方法 1：不用 With

    Stud.no = "17014001"
    Stud.name = "王五"
    Stud.sex = "男"
    Stud.tel = "84110320"

方法 2：用 With

    With Stud
        .no = "17014001"
        .name = "王五"
        .sex = "男"
        .tel = "84110320"
    End With

对同类型的结构变量，VB.NET 还允许将一个结构变量作为一个整体赋值给另一个结构变量，即将一个变量中的所有成员的值对应地赋值给另一个变量中的成员。

示例：

```
    Dim Stud1,Stud2 As StuType            '声明两个同种类型的结构变量
        …                                  '对 Stud2 的成员进行赋值
    Stud1 = Stud2                          '将 Stud2 整体赋值给 Stud1
```

7.6.2　结构数组

一个结构变量可以存放一组不同类型的数据，例如一名学生的学号、姓名等基本信息，如果有一批学生（如 100 名学生）的数据需要处理，显然应该使用数组。这种存储具有结构类型数据的数组称为结构数组。结构数组中的每个数组元素都是一个结构类型的数据，它们都分别包含若干个成员项。

声明结构数组的语法格式如下：

    Dim　结构数组名(下标上界) As　结构类型名

【例 7.7】　根据上述定义的结构类型，利用结构数组，输入不超过 200 名学生的基本信息，并能显示已输入的所有信息。

如图 7.3 所示，在窗体上添加 3 个文本框和 1 个单选按钮组，用于输入学生的学号（8 位数字）、姓名（汉字）、电话号码和性别。单选按钮组包含 2 个单选按钮 RadioButton1 和 Radio Button2，分别表示"男"和"女"，设计时设置单选按钮 RadioButton1 的 Checked 属性为 True。为了方便显示查看，采用列表框 ListBox1 来显示结构数组中的数据。

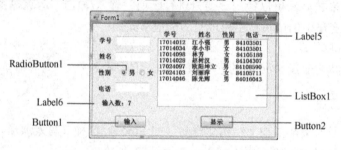

图 7.3　例 7.7 的运行界面

编写的程序代码如下：

```
    Structure StuType                     '在窗体模块的声明段中定义，结构类型名为 StuType
        Dim no As String                  '学号
        Dim name As String                '姓名
        Dim sex As Char                   '性别
        Dim tel As String                 '电话号码
    End Structure
    Dim Stud(199) As StuType              '声明结构数组 Stud，下标 0～199
    Dim num As Integer                    '声明 num 为模块级变量
    Private Sub Button1_Click(…) Handles Button1.Click        '输入
        If num > 199 Then                 '超过 199 时退出
            Exit Sub
        End If
        With Stud(num)
            .no = Trim(TextBox1.Text)
```

```
                .name = Trim(TextBox2.Text)
                If RadioButton1.Checked Then
                    .sex = "男"
                Else
                    .sex = "女"
                End If
                .tel = Trim(TextBox3.Text)
            End With
            TextBox1.Text = "" : TextBox2.Text = "" : TextBox3.Text = ""
            num = num + 1
            Label6.Text = "输入数：" & num
    End Sub
    Private Sub Button2_Click(…) Handles Button2.Click        '显示
            Dim k As Integer, n, s As String
            Label5.Text = "学号        姓名      性别      电话"
            ListBox1.Items.Clear()
            For k = 0 To num − 1
                With Stud(k)
                    n = .name & Space(10 − Len(.name) * 2)        '为输出格式整齐，对姓名段定长 10 个位
                    s = .no & Space(2) & n & .sex & Space(2) & .tel
                    ListBox1.Items.Add(s)
                End With
            Next k
    End Sub
```

7.7 程序举例

　　数组是程序设计中广泛使用的一种数据结构。它可以方便灵活地组织和使用数据。数组应用的一个重要内容是查找和排序。

　　【例7.8】 查找最大数和最小数。

　　（1）分析：设 n 个数存放在一维数组 t 中，求数组 t 中的最大数，可以按以下方法进行。

　　① 设一个存放最大数的变量 max，其初值为数组中的第 1 个元素值，即 max = t(0)。

　　② 依次将 max 与 t(1)到 t(n−1)的所有数据进行比较，如果数组中的某个数 t(i)大于 max，则用该数替换 max，即 max=t(i)。所有数组元素比较完后，max 中存放的数即为整个数组中的最大数。

　　求最小数的方法与求最大数类似。

　　（2）如图 7.4 所示，在窗体上添加 1 个标签 Label1 和 1 个"查找"命令按钮 Button1。

　　（3）程序代码如下：

```
    Private Sub Button1_Click(…) Handles Button1.Click            '查找
            Dim t() As Integer = {89, 96, 81, 67, 79, 90, 63, 85, 95, 83}        '原始数据
            Dim max, min, i As Integer
```

```
        max = t(0)                                          '设定初值
        min = t(0)
        For i = 1 To UBound(t)                              '与后面的数据逐一比较
            If max < t(i) Then                              '找最大数
                max = t(i)
            End If
            If min > t(i) Then                              '找最小数
                min = t(i)
            End If
        Next i
        Label1.Text = "最大数：" & max & vbCrLf & "最小数：" & min
    End Sub
```

程序运行时单击"查找"按钮，显示的结果如图 7.4 所示。

图 7.4 例 7.8 的运行界面

【例 7.9】 随机产生 10 个 10～99 的整数，用选择法按值从小到大顺序排序，最后输出结果。

（1）分析：排序的算法有很多，常用的有选择法、冒泡法、插入法和合并法等。下面采用选择法进行排序。

将 10 个数放入数组 a 中，对数组元素 a(1), a(2), a(3), …, a(10)按值从小到大顺序排序，处理方法如下。

① 第 1 轮比较。从这 10 个数组元素中，选出最小值，通过交换把该值存入 a(1)中。

② 第 2 轮比较。除 a(1)之外（a(1)已存放最小值），从其余 9 个数组元素 a(2)～a(10)中选出最小值（即 10 个数中的次小值），通过交换把该值存入 a(2)中。

③ 第 3 轮比较。采用上述方法，选出 a(3)～a(10)中的最小值，通过交换，把该值存入 a(3)中。

④ 第 4～8 轮比较。重复上述处理过程至 a(8)，可使 a(1)～a(8)按由小到大顺序排列。

⑤ 第 9 轮比较。选出 a(9)及 a(10)中的较小值，通过交换把该值存入 a(9)中，此时 a(10)存放的就是最大值。

经过 9（n-1，n 为个数）轮比较后，这 10 个数就按从小到大的顺序排列好了。

（2）完成上述比较及排序处理过程，可以采用二重循环结构，外循环的循环变量 i 从 1 到 9，共循环 9 次；内循环的循环变量 j 从 i+1 到 10。

（3）如图 7.5 所示，在窗体上添加 2 个文本框和 1 个命令按钮。程序代码如下：

```
    Private Sub Button1_Click(…) Handles Button1.Click       '排序
        Dim a(10), n, i, j, t As Integer, s As String
        Randomize()
        n = 10
        s = ""
        For i = 1 To n                                       '产生 n 个随机数
            a(i) = Int(90 * Rnd() + 10)
            s = s & Str(a(i))
        Next i
        TextBox1.Text = "排序前：" & s
        For i = 1 To n - 1
```

```
        For j = i + 1 To n
            If a(i) > a(j) Then
                t = a(i) : a(i) = a(j) : a(j) = t          '交换位置
            End If
        Next j
    Next i
    s = ""
    For i = 1 To n
        s = s & Str(a(i))
    Next i
    TextBox2.Text = "排序后："& s
End Sub
```

运行时单击"排序"按钮，显示的效果如图 7.5
所示。

上述程序代码中，中间程序段"For i=1 To n-1"～
"Next i"（共 7 个代码行）用于实现数据的排序。也可
以把这个程序段改为：

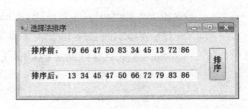

图 7.5   例 7.9 的运行效果

```
    For i = 1 To n-1
        k = i                                    'k 用来记录每次选择的最小值的下标
        For j = i + 1 To n
            If a(k) > a(j) Then
                k = j
            End If
        Next j
        t = a(k): a(k) = a(i): a(i) = t          '交换位置
    Next i
```

本程序段在原程序段的基础上增设一个变量 k，用来记录每一次选出的最小值的下标，其目
的是不必在每发现一个小于 a(i) 的 a(j) 时，就使 a(i) 与 a(j) 换位，而只需在本次比较结束后，使 a(i)
与 a(k) 一次换位即可。

【例 7.10】   在有序的数组中插入 1 个数，插入后使该数组中的元素仍为有序排列。这种方
法也就是插入排序法的基本方法。

（1）分析：假设数组 d 中各元素已按从小到大次序排列，现要向数组中插入一个指定数 x。
插入算法是：

① 找待插入数 x 在数组中的位置 p。

② 将数组中的最后 1 个元素到原 p 位置的元素全部向后移动 1 个位置。即执行以下操作 (n
为原有数组元素的下标上界)：

        d(n+1) = d(n)

        d(n) = d(n-1)

        …

        d(p+1) = d(p)

③ 留出第 p 个元素的位置，将数 x 插入。

例如，要将数 x=75 插入到以下所示的数组中，插入位置应为 p=6（从 0 开始算起），其操作过程如图 7.6 所示。

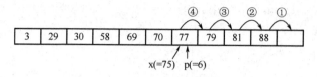

图 7.6　插入数据示意图

插入操作后数组元素的总个数增加 1。

（2）如图 7.7 所示，在窗体上添加 2 个文本框和 1 个命令按钮。

（3）程序代码如下：

```
Private Sub Button1_Click(…) Handles Button1.Click        '插入
    Dim d() As Integer = {3, 29, 30, 58, 69, 70, 77, 79, 81, 88}  '原始数据
    Dim n, k, p, x As Integer, s As String
    n = UBound(d)
    s = ""
    For k = 0 To n
        s = s & Str(d(k))
    Next k
    TextBox1.Text = "插入前：" & s                         '显示插入前数据
    x = Val(InputBox("输入要插入的数"))                     '插入数
    For p = 0 To n                                          '查找要插入数 x 在数组中的位置
        If x < d(p) Then Exit For                           '找到插入的位置下标为 p
    Next p
    n = n + 1
    ReDim Preserve d(n)                                     '重新定义数组，保留数组中原有数据
    For k = n - 1 To p Step -1                              '从后面的元素开始逐个向后移，留出位置
        d(k + 1) = d(k)
    Next k
    d(p) = x                                                '插入到对应的位置
    s = ""
    For k = 0 To n
        s = s & Str(d(k))
    Next k
    TextBox2.Text = "插入后：" & s                          '显示插入后结果
End Sub
```

运行时单击"插入"按钮，弹出输入对话框，在对话框中输入要插入数 24，显示的效果如图 7.7 所示。

下面介绍如何从数组中查找所需的数据。常用的查找方法有两种：顺序查找法和折半查找法。

【例 7.11】　采用顺序查找法，从一批学号中查找指定学号，找到后显示学生的姓名。

（1）分析：顺序查找法就是从数组的第 1 个元素开始，根据查找的关键值与数组中的元素逐

一比较，若相同，则查找成功。顺序查找法适合于被查找数据集无序的场合。

（2）如图 7.8 所示，在窗体上添加 2 个标签、2 个文本框和 1 个命令按钮。文本框 TextBox1 用来输入要查学生的学号，文本框 TextBox2 用来显示查到的学生姓名。

（3）编写程序代码。

程序中通过数组初始化输入 10 名学生学号及姓名的原始数据，存放在数组 xh 和 xm 中。2 个数组的数据对应存放，即 xh(1)及 xm(1)存放第 1 名学生的学号及姓名，xh(2)及 xm(2)存放第 2 名学生的学号及姓名，其余类推。

程序代码如下：

```
Private Sub Button1_Click(…) Handles Button1.Click          '查找
    Dim key As String, flag, k, n As Integer
    Dim xh() As String = {"11203", "11205", "10523", "11187", "11402", _
                    "11513","11207", "10623", "11360", "11437"}
    Dim xm() As String = {"张明", "吴兵", "胡小敏", "黄力", "李玉标", _
                    "宋英","林清", "赵丁海", "王民", "张南"}

    flag = 0                                      '查找标记，0 表示未找到
    n = UBound(xh)
    key = TextBox1.Text                           '要查的学生的学号，即查找的关键值
    For k = 0 To n
        If key = xh(k) Then                       '关键值与数组中的元素逐一比较
            TextBox2.Text = xm(k)                 '找到时，显示学生的姓名
            flag = 1                              '1 表示找到
            Exit For
        End If
    Next k
    If flag = 0 Then
        TextBox2.Text = "无此学号！"
    End If
    TextBox1.Focus()                              '设置焦点
End Sub
```

运行程序后，输入学号"10623"并单击"查找"按钮，显示效果如图 7.8 所示。

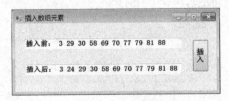

图 7.7　插入数据

图 7.8　例 7.11 的显示效果

【例 7.12】　采用折半查找法，从一批学号中查找指定学号，找到后显示学生的成绩。

（1）分析：折半查找法也称二分法查找法，是一种效率较高的查找方法。对于大型数组，它的查找速度比顺序查找法快得多。在采用折半查找法之前，要求将数组按查找关键值（如学号、职工号等）排好序（如按值从小到大）。

折半查找法的过程是：先从数组中间开始比较，判别中间的那个元素是不是要找的数据，若是，则查找成功。否则，判断被查找的数据是在该数组的上半部还是下半部。如果是上半部，则再从上半部的中间继续查找，否则从下半部的中间继续查找。若用变量 top、bott 分别表示每次"折半"的首位置和末位置，则中间位置 m 为：

$$m = Int((top + bott)/2)$$

这样就将[top,bott]分成两段，即[top,m-1]和[m+1,bott]，若要找的数据小于由 m 指示的数据，则该数据在[top,m-1]范围内，反之，则在[m+1,bott]范围内。照此进行下去，直到找到目标数据或者 top>bott 时结束查找。top>bott 时表示找不到。

设有如下一组有序数，首位置 top 和末位置 bott 的初值分别为 1 和 10，m 的第 1 次取值为 5。假设待查找的数据 key=46，则折半查找的过程如图 7.9 所示。

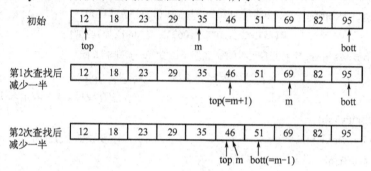

图 7.9　折半查找过程

（2）如图 7.10 所示，在窗体上添加 2 个标签、2 个文本框和 1 个命令按钮。文本框 TextBox1 用来输入要查学生的学号，文本框 TextBox2 用来显示查到的学生的成绩。

（3）编写程序代码。

程序代码中通过数组初始化输入 10 名学生学号及成绩的原始数据，存放在数组 xh 和 cj 中。2 个数组的数据对应存放，即 xh(0)及 cj(0)存放第 1 名学生的学号及成绩，xh(1)及 cj(1)存放第 2 名学生的学号及成绩，依此类推。

数组 xh 中的学号（查找的关键值）已经按值从小到大排好序，因此可直接采用折半查找法。

程序代码如下：

```
Private Sub Button1_Click(…) Handles Button1.Click          '查找
    Dim xh() As String = {"10523", "10623", "11187", "11203", "11205", _
                         "11207", "11360", "11402", "11437", "11513"}
    Dim cj() As Integer = {84, 93, 73, 69, 56, 79, 64, 91, 86, 72}
    Dim key As String, flag, m, top, bott As Integer
    flag = 0                                            '查找标记，0 表示未找到
    top = 0 : bott = UBound(xh)                         '位置初始值
    key = TextBox1.Text                                 '要查的学生的学号，即查找的关键值
    Do While top <= bott
        m = Int((top + bott) / 2)                       '取中点
        Select Case True
            Case key = xh(m)                            '找到
                flag = 1                                '设置找到标志
```

```
        TextBox2.Text = cj(m)                        '显示学生的成绩
        Exit Do
    Case key < xh(m)                                 '若小于中间数据
        bott = m − 1                                 '上半部
    Case key > xh(m)                                 '若大于中间数据
        top = m + 1                                  '下半部
    End Select
Loop
If flag = 0 Then                                     'flag=0 表示找不到
    TextBox2.Text = "无此学号！"
End If
TextBox1.Focus()                                     '设置焦点
End Sub
```

运行程序后，输入学号"11437"并单击"查找"按钮，显示效果如图 7.10 所示。

图 7.10　例 7.12 的运行效果

习题 7

一、单选题

1. 假设已经使用了语句"Dim a(3,5) As Integer"，以下_____是不合法的数组元素表示法。

　　A）a(1, 1)　　　　　B）a(2−1, 2*2)　　　　C）a(3, 1.4)　　　　D）a(−1, 3)

2. 下列语句所定义的数组的元素个数为_____。

　　Dim Ary(0 To 5, 3) As String

　　A）20　　　　　　　B）16　　　　　　　　C）24　　　　　　　D）25

3. 引用数组元素时，其下标可以是_____。

　　A）数值常量　　　　　　　　　　B）算术表达式

　　C）数值型数组元素　　　　　　　D）以上都正确

4. 定义一维数组 t，使其具有 4 个元素，并将这 4 个元素初始化为数值 1、2、3、4，使用的语句是_____。

　　A）Dim t()={1,2,3,4}　　　　　　　B）Dim t={1、2、3、4}

　　C）Dim t(3)=(1,2,3,4)　　　　　　　D）Dim t()=[1,2,3,4]

5. 对于正在使用的数组 d(k)，既要增加 2 个数组元素，又要保留原来数组中的值，下列语句中正确的是_____。

　　A）Dim d(k+2)　　　　　　　　　B）ReDim d(k+2)

　　C）ReDim Preserve d(k+2)　　　　D）Dim Preserve d(k+2)

6. 使用语句"Dim s(5) As String"声明数组 s 之后，以下叙述中正确的是_____。

A）数组 s 中的所有元素值为 0

B）数组 s 中的所有元素值为空字符串

C）数组 s 中的所有元素值不确定

D）使用 ReDim 语句可以改变数组 s 的维数

7. 设有如下的定义结构类型语句：

```
Structure ZGType
    Dim no As String
    Dim pay As Integer
End Structure
```

则以下正确引用该结构类型的代码是_____。

A）Dim z As ZGType
　　z.no="0002"

B）Dim z As Type
　　z.no="0002"

C）Dim z As Type ZGType
　　z.no="0002"

D）ZGType.no="0002"

8. 执行下列程序段，在即时窗口中显示_____。

```
Dim a(3, 3) As Integer, i, j As Short
For i = 1 To 3
    For j = 1 To 3
        If i = j Then a(i, j) = 1 Else a(i, j) = 0
        Debug.Write(a(i, j) & Space(2))
    Next j
    Debug.Write(vbCrLf)
Next i
```

A）
```
1  1  1
1  0  1
1  1  1
```
B）
```
0  0  0
0  1  0
0  0  0
```
C）
```
1  0  0
0  1  0
0  0  1
```
D）
```
1  0  1
0  1  0
1  0  1
```

9. 执行下列程序段，在消息框中显示_____。

```
Dim n, k, s As Integer
Dim d() As String = {0, 1, 2, 3, 4, 5}
n = 1 : s = 0
For k = 5 To 3 Step -1
    s = s + d(k) * n
    n = n * 10
Next k
MsgBox(s)
```

A）123　　　　　B）234　　　　　C）345　　　　　D）112

10. 执行下列程序段，在消息框中显示_____。

```
Dim i, j, d(3, 2) As Short
For i = 0 To 3
    For j = 0 To 2
```

```
          d(i, j) = 2 * i + j
      Next j
   Next i
   ReDim Preserve d(3, 4)
   For i = 2 To 4
       d(2, i) = i + 8
   Next i
   MsgBox(d(2, 0) + d(2, 4))
```
A）16   B）17   C）18   D）19

二、填空题

1. 执行下列程序段，在消息框中显示___(1)___。
```
   Dim i, s, d(4) As Short
   s = 0
   For i = 1 To 4
       d(i) = 2 * i - 1
       s = s + d(i)
   Next i
   MsgBox(s)
```

2. 执行下列程序段，在即时窗口中显示___(2)___。
```
   Dim d() As String = {"ABC", "DEF", "GHI"}
   Dim s As String, k As Integer
   s = ""
   For k = 0 To 2
       s = s & Mid(d(k), k + 1)
   Next k
   Debug.Print(s)
```

3. 要将 Weekday 函数返回的数字转换为对应的汉字，如显示为：星期日、星期一等，请将程序代码补充完整。
```
   Dim x As Integer
   Dim w() As String = {"日", "一", "二", "三", "四", "五", "六"}
   x = ___(3)___
   MsgBox("今天是星期" & ___(4)___)
```

上机练习 7

1. 产生 10 个随机正整数作为原始数据，存放在数组中，然后查找这一批数中的最小数及其位置。在窗体上已添加了 2 个标签和 1 个命令按钮，并编写了如下程序代码：
```
Private Sub Button1_Click(…) Handles Button1.Click
    Dim a(10), min, pos As Integer, s As String
    Randomize()
```

```
        s = "生成的数据："
        For i = 1 To 10
            a(i) = Int(Rnd() * 90 + 10)
            s = s & a(i) & "，"
        Next i
        Label1.Text = s
        min = a(1)
        pos = 0
        For k = 2 To 10
            If a(k) < min Then
                min = a(k)
            End If
            pos = k
        Next k
        Label2.Text = "最小数：" & min & "    位置：" & pos
    End Sub
```

调试程序时发现，多数情况下程序显示的最小数位置是错的，程序需要修改。请从下面的 4 个修改选项中选择两个正确选项，并进行上机验证。

A）把 min = a(1) 改为 min = 0

B）把 pos = 0 改为 pos = 1

C）把 If a(k)<min Then 改为 If a(k)>min Then

D）调换 pos = k 与 End If 的位置

2．删除数组元素。产生 10 个[0,99]区间的随机整数作为原始数据，存于数组 d 中，然后删除指定位置的数组元素。

（1）分析：删除指定位置 p 的数组元素，只要从 p+1 位置的元素到最后一个元素依次向前移动一个位置，删除操作后数组元素的总个数减 1。

（2）参照图 7.11 设计界面。文本框 TextBox1 用于显示原数组元素，文本框 TextBox3 用于显示删除后的数组元素，这两个文本框的 ReadOnly 属性都设置为 True。删除的元素位置 p 由文本框 TextBox2 输入。

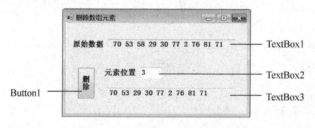

图 7.11　第 2 题的运行效果

（3）编写的程序代码如下，请填空并上机调试。

```
Dim n As Integer, d() As Integer              '在窗体模块的声明段中声明数组 d，n 为下标数
Private Sub Form1_Load(…) Handles MyBase.Load
    TextBox1.Text = ""
    n = 10: Randomize()                        'n 初始值为 10
    ReDim d(n)                                 '定义数组
    For k = 1 To n
```

```
                    d(k) = Int(Rnd() * 100)
                    TextBox1.Text = TextBox1.Text & Str(d(k))    '显示原始数据
                Next k
        End Sub
        Private Sub Button1_Click(…) Handles Button1.Click    '删除
                Dim p, k As Integer
                TextBox3.Text = ""
                p = Val(TextBox2.Text)                          '删除的元素位置
                If p < 1 Or p > n Then
                        MsgBox("位置超界，重新输入！")
                        Exit Sub
                End If
                    For k =    (1)                              '从 p+1 位置的元素开始逐个向前进行移动操作
                            (2)
                Next k
                n = n − 1                                       '将数组下标数（即数组的总个数）减 1
                ReDim    (3)                                    '重新定义数组，保持数组中原有数据
                For k = 1 To n
                        TextBox3.Text = TextBox3.Text & Str(d(k))   '显示删除后的结果
                Next k
        End Sub
```

3．设有如下两组数：

第 1 组：3，4，2，1，5，7，8，11，13

第 2 组：10，6，12，9，13，8，8，1，16

通过初始化赋值方法将上述两组数分别读入两个一维数组 a 和 b 中，然后将这两个数组中对应的元素相加，其结果放入第 3 个数组 c 中（c 也是一维数组），最后输出数组 c 中的数据。

4．编程序实现：①找出[100，400]区间内的完全平方数，将这些数（假设有 n 个数）存放在一维数组 d 中；②将数组 d 两端的元素对调，即将第 1 个元素与第 n 个元素对调，将第 2 个元素与第 n-1 个元素对调等；③分别显示对调前、后的数组元素。参考界面如图 7.12 所示。

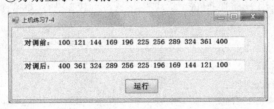

图 7.12　第 4 题的运行效果

提示：因为事先不知道完全平方数的个数有多少，可以先声明一个大一点的数组，以后再通过 ReDim 语句重新定义。

5．随机产生 64 个[10，99]区间内的整数，存放在 8×8 数组中，然后找出该数组中最大值的元素（若有多个最大值元素，只需找出其中一个），并输出其值及行号和列号（行号和列号都从 1 算起）。参考界面如图 7.13 所示。

6．用数组建立一个 10×10 的矩阵，并通过随机函数产生[-10,99]区间内的随机整数作为数组元素的原始数据，求解下列问题并输出结果：

① 所有元素之和；

② 各行元素之和；

③ 主对角线元素之和；

④ 所有靠边元素之和。

7. 随机产生 20 个互不相同的两位数，输出在多行文本框中，每行显示 5 个数据，如图 7.14 所示。

分析：利用随机函数产生随机数时，不可避免会出现重复的数。为了得到互不相同的数，可以采用以下方法：每当产生一个新数时，用此数与之前所得到的数逐一比较，若前面没有相同的数，则将此数存入数组；若前面已有相同的数，则将此数丢弃。然后再产生一个新数，继续进行比较，依此类推。

图 7.13 第 5 题的运行界面

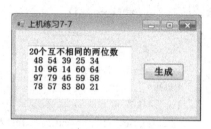

图 7.14 第 7 题的运行效果

完成下列程序代码，并上机调试。

```
Private Sub Button1_Click(…) Handles Button1.Click    '生成
    Dim a(20), k, x, j As Integer, s As String
    Randomize()
    a(1) = Int(10 + 90 * Rnd())                        '第 1 个数不用比较
    k = 1
    Do While k < 20
        x = Int(10 + 90 * Rnd())
        For j = 1 To k
            If x = a(j) Then Exit For                  '找到已有相同的数则退出
        Next j
        If j > k Then                                  '循环判断后，若 j>k，说明不存在相同的数
            ___(1)___
            ___(2)___
        End If
    Loop
    s = "20 个互不相同的两位数" & vbCrLf
    For j = 1 To 20
        s = s & Str(a(j))
        If ___(3)___ Then s = s & vbCrLf
    Next j
    TextBox1.Text = s
End Sub
```

第8章 过　程

过程是程序中一个相对独立的程序段，可用于完成某种特定功能。过程有两个重要作用：一是把一个复杂的任务分解为若干小任务，用过程来表达，从而使任务更易理解，更易实现，更易维护；二是代码重用，使同一段代码多次复用。

VB.NET 有两大类过程：事件过程和通用过程。在前面各章中使用的都是事件过程。事件过程是当某个事件发生时，对该事件作出响应的程序段，它是 VB.NET 应用程序的主体。本章主要介绍通用过程。

8.1　通用过程

有时，多个不同的事件过程要用到一段相同的程序代码（执行相同的任务），为了避免程序代码的重复，可以把这一段代码独立出来，作为一个过程，这样的过程称为通用过程。通用过程独立于事件过程之外，可供事件过程或其他通用过程调用。

通用过程一般由编程人员建立，它既可以保存在窗体模块中，也可以保存在标准模块中。通用过程与事件过程不同，它既不依附于某一对象，也不是由对象的某一事件驱动或由系统自动调用的，而是必须使用调用语句（如 Call 语句）调用才起作用。通用过程也称为子过程（或称被调过程），可以被多次调用，调用该过程的过程称为主调过程（或称调用过程）。

图 8.1 是一个过程调用的示例。主调过程在执行过程中，首先遇到"Call SubA"的语句，于是转到子过程 SubA 的入口处去执行，执行完子过程 SubA 之后，返回主调过程的调用语句处继续执行随后的语句。执行过程中再次遇到"Call SubA"的语句，于是再次进入子过程 SubA 去执行，执行完后返回调用处继续执行其后的语句。同样，遇到"Call SubB"的语句时，转到子过程 SubB 中去执行，执行完子过程 SubB 后返回调用处，继续执行其后的语句。

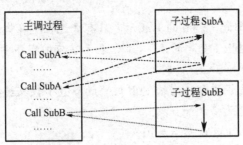

图 8.1　过程调用的示意图

通用过程分为两类：Sub（子程序）过程和 Function（函数）过程。

8.1.1　Sub 过程

【例 8.1】　Sub 过程的示例。

程序代码如下：

Private Sub Form1_Click(…) Handles Me.Click

```
            Call Mysub1(30)
            Call Mysub2()
            Call Mysub2()
            Call Mysub2()
            Call Mysub1(30)
        End Sub
        Private Sub Mysub1(ByVal n As Integer)
            Debug.Print(StrDup(n, "*"))            '输出连续 n 个"*"号
        End Sub
        Private Sub Mysub2()
            Debug.Print("*" & Space(28) & "*")     '输出头尾各一个"*"号
        End Sub
```

程序运行时单击窗体，在即时窗口中显示结果，如图 8.2 所示。

在上述事件过程 Form1_Click 中，通过 Call 语句来分别多次调用 Mysub1(n)过程和 Mysub2()过程。在过程 Mysub1(n)中，n 为参数（也称形参），当主调过程通过 Call Mysub1(30)（30 称为实参）调用时，就把 30 传给 n，这样，调用后就输出 30 个 "*" 号。过程 Mysub2()不带参数，其作用是输出左右两边的 "*" 号。

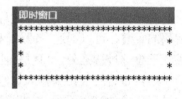

图 8.2 例 8.1 的运行结果

1. Sub 过程的定义

定义 Sub 过程的一般语句格式如下：

```
    [Private|Public]Sub 过程名([参数表])
            语句组
            [Exit Sub]
    End Sub
```

说明：

① 可选项 Private（局部的，私有的）表示，只有该过程所在模块（如窗体模块）中的过程才能调用该过程；可选项 Public（全局的，公有的）表示在应用程序中任何地方都可以调用该 Sub 过程。默认值为 Public。

② 参数表用来指明从主调过程传递给 Sub 过程的参数个数及类型。参数表内的参数又称为形式参数（简称形参），其定义格式如下：

```
    {ByVal|ByRef} 变量名 [()][As 数据类型]…
```

其中，"变量名"（参数）前面的关键字 ByVal 和 ByRef 分别表示按值传递和按地址传递，将在 8.2.2 节介绍。

③ Sub 过程可以获取主调过程传送的参数，也能通过参数表的参数，把计算结果传回给主调过程。

2. Sub 过程的建立

在窗体模块中建立 Sub 过程，可以在代码窗口中完成。打开代码窗口后，当输入 Sub 过程的第 1 条语句（如 Sub Mysub1(n)）并按回车键后，窗口内显示：

```
Sub Mysub1(ByVal n)

End Sub
```

且光标会停留在过程体内，此时即可在 Sub 和 End Sub 之间输入程序代码了。

3．Sub 过程的调用

事件过程是通过事件驱动由系统自动调用的，而 Sub 过程则必须通过调用语句实行调用。

调用 Sub 过程有以下两种方法。

① 使用 Call 语句。格式如下：

    Call 过程名([实参表])

② 直接使用过程名，即把过程名作为一个语句来使用，格式如下：

    过程名([实参表])

例如，以下两条语句都可以调用名为 Mysub1 的过程：

    Call Mysub1(30)

    Mysub1(30)

【例 8.2】 计算 5! + 10!。

因为计算 5!和 10!都要用到阶乘 n!，所以把计算 n!编成 Sub 过程。

程序代码如下：

```
Private Sub Form1_Click(…) Handles Me.Click
    Dim y, s As Long
    Call Jc(5, y)
    s = y
    Call Jc(10, y)
    Debug.Print("5! + 10! = " & s + y)
End Sub
Private Sub Jc(ByVal n As Integer, ByRef t As Long)        '参数 t 用于返回阶乘值
    Dim i As Integer
    t = 1
    For i = 1 To n
        t = t * i
    Next i
End Sub
```

程序运行结果：

    5! + 10!=3628920

在上述事件过程 Form1_Click 中，通过 Call Jc(5,y)和 Call Jc(10,y)来分别计算 5!和 10!。Sub 过程 Jc(n,t)设置了两个参数 n 和 t。n 表示阶数，实际值由主调过程赋给。计算结果(即 n!的值)通过第 2 个参数 t，传送给主调过程。

当使用 Call 调用 Sub 过程 Jc 时，必须事先提供所需的参数值（如 5，10），从 Sub 过程返回时，可以得到计算结果（存放在 y 中）。

8.1.2　Function 过程

VB.NET 系统中提供了许多内部函数，如 Sin、Cos、Sqrt 等，它们的处理程序代码存放在系

统程序之中，用户需要时可直接调用。但这只是一般常用的函数，还不能满足使用者的需要，为此系统允许用户编写 Function 过程（又称函数过程）。Function 过程与内部函数一样，可以在程序中使用。

1．Function 过程的定义

Function 过程是通用过程的另一种形式，它与 Sub 过程不同的是，Function 过程可直接返回一个值给主调过程。定义 Function 过程的一般语法格式如下：

      [Private|Public] Function 函数名([参数表])[As 数据类型]

           语句组

           [函数名=表达式] 或 [Return 表达式]

           [Exit Function]

      End Function

说明："表达式"的值是函数的返回值。如果在 Function 过程中不用 "[函数名=表达式] 或 [Return 表达式]"，则该过程返回一个默认值（数值函数过程返回 0，字符串函数过程返回空字符串）。语法中其他部分的含义与 Sub 相同。

2．Function 过程的建立

在窗体模块中建立 Function 过程，其操作方法与 Sub 过程类似。

【例 8.3】 将例 8.2 中求 n!的 Sub 过程改成 Function 过程，实现同样的功能。

分析：在前面例 8.2 中，因为 Sub 过程名不能返回值，所以需要在形参表中引入另一个参数 t 来返回阶乘值。如果改成用 Function 过程实现，则阶乘值可由函数名返回，因此只需要设置一个参数 n。

```
Private Sub Form1_Click(…) Handles Me.Click
    Dim s As Long
    s = Jc(5) + Jc(10)                        '函数调用
    Debug.Print("5! + 10! = " & s)
End Sub
Function Jc(ByVal n As Integer) As Long        '返回值的数据类型为 Long
    Dim i As Integer, t As Long
    t = 1
    For i = 1 To n
        t = t * i
    Next i
    Jc = t                                     '返回值赋给函数名
End Function
```

从上述例子中可以看到 Sub 过程与 Function 过程在定义和调用上的区别。

3．Function 过程的调用

Function 过程的调用格式如下：

      函数过程名([实参表])

【例 8.4】 输入 3 个数，求出它们的最大数，将求 2 个数中的大数编成 Function 过程，过程名为 Max。

程序代码如下：

```
Private Sub Form1_Click(…) Handles Me.Click
    Dim a, b, c, s As Single
    a = Val(InputBox("输入第一个数"))
    b = Val(InputBox("输入第二个数"))
    c = Val(InputBox("输入第三个数"))
    s = Max(a, b)
    Debug.Print("最大数是:" & Max(s, c))
End Sub
Function Max(ByVal m As Single, ByVal n As Single) As Single
    If m > n Then
        Max = m
    Else
        Max = n
    End If
End Function
```

8.2 参数传递

调用过程时可以把数据传递给过程，也可以把过程中的数据传递回来。这些数据也称为过程参数。编写一个过程时，需考虑主调过程和被调过程之间的参数是如何传递的，并完成形式参数与实际参数的结合。

8.2.1 形参与实参

形式参数（简称形参）是在被调过程中的参数，出现在 Sub 过程和 Function 过程中，形式参数可以是变量名和数组名。

实际参数（简称实参）是在主调过程中的参数。在过程调用时，实参数据会传递给形参。

形参表和实参表中的对应变量名可以不同，但实参和形参的个数、顺序以及数据类型必须相同。以下是一个定义过程和调用过程的示例：

定义过程：Sub Mysub(ByVal t As Integer, ByVal s As String, ByVal y As Single)

调用过程：Call Mysub(100, "计算机", 1.5)

"形实结合"是按照位置结合的，即第 1 个实参值 100 传送给第 1 个形参 t，第 2 个实参值"计算机"传送给第 2 个形参 s，第 3 个实参值 1.5 传送给第 3 个形参 y。

8.2.2 按值传递和按地址传递

参数传递有两种方式：按值传递和按地址传递。

1. 按值传递参数

当调用一个过程时，按值传递参数（关键字 ByVal）是指系统将实参的值传递给形参，然后实参与形参就断开了联系，在被调过程中对形参的任何操作，都不会影响所对应的实参的值。因此，数据的传递是单向的。

按值传递是系统默认的参数传递方式。

2. 按地址传递参数

按地址传递参数（关键字 ByRef）是指系统将实参的地址传递给形参，使形参与实参具有相同的内存地址。这就意味着，形参和实参共享相同的存储单元。这样，在被调过程中对形参的任何操作都变成了对相应实参的操作，如果形参的值改变了，实参的值也随之改变。

按地址传递可以实现主调过程和被调过程之间数据的双向传递。

采用按地址传递参数时，实参必须是变量，不能采用常量或表达式。

【例 8.5】 参数传递方式示例。

设置两个通用过程 Test1 和 Test2，分别按值传递参数和按地址传递参数。

程序代码如下：

```
Private Sub Form1_Click(…) Handles Me.Click
    Dim x As Integer = 5
    Debug.Print("执行 Test1 前，x=" & x)
    Call Test1(x)
    Debug.Print("执行 Test1 后，Test2 前，x=" & x)
    Call Test2(x)
    Debug.Print("执行 Test2 后，x=" & x)
End Sub
Sub Test1(ByVal t As Integer)
    t = t + 5
End Sub
Sub Test2(ByRef s As Integer)
    s = s - 5
End Sub
```

运行结果如下：

```
执行 Test1 前，x=5
执行 Test1 后，Test2 前，x=5
执行 Test2 后，x=0
```

调用 Test1 过程时，是按值传递参数的，因此在过程 Test1 中对形参 t 的任何操作不会影响到实参 x。调用 Test2 过程时，是按地址传递参数的，实参 x 和形参 s 使用的是相同存储单元，因此在过程 Test2 中对形参 s 的任何操作都变成对实参 x 的操作，当 s 值改为 0 时，实参 x 的值也就随之改变。

上述两种参数传递方式各有特点。采用按地址传递方式能传入和传出参数值，某些情况下传递效率比按值传递方式高；采用按值传递方式只能从外部向过程传入值，但不能传出。正是由于不能传出，按值传递方式中形参的变化不会影响实参，这样可以减少各过程间的关联，提高程序的可靠性和便于调试。

那么，何时使用按值传递，何时使用按地址传递呢？一般来说，需要过程通过形参返回值时应该使用按地址传递，否则使用按值传递。

8.2.3　数组参数的传递

数组也可以作为过程的参数，定义形参数组的格式为：

ByRef 形参数组名()[As 数据类型]

说明：

① 可以用 ByRef 和 ByVal 来定义形参数组，但系统总是以按地址传递的方式进行数组参数的传递。即实参数组与形参数组实际上是同一个数组，占用相同的存储单元。

② 定义时，形参数组中不能有下标（保留空圆括号()），如写成"ByRef a()"而不能写成"ByRef a(10)"。若是二维或二维以上的数组，则每维以逗号分隔。

③ 若形参为数组，在形实结合时，实参也只能是数组，且数据类型要一致。

④ 在过程调用时，只需要给出实参数组名，如写成"Call Mysub(b)"（b 是实参数组名），而不能写成"Call Mysub(b())"或"Call Mysub(b(10))"。

【例 8.6】 数组作为参数的示例。

编写一个 Function 过程 Fnsum()，求任意一维数组中各元素的 n 次方之和。调用该过程并输出结果。

程序代码如下：

```
Private Sub Form1_Click(…) Handles Me.Click
    Dim n As Integer = 3                              '求 3 次方
    Dim x() As Single = {1.2, 1.3, 1.4, 1.5, 1.6, 1.7}    '数组初始化赋值
    Debug.Print(Fnsum(x, n))                          '调用函数过程 Fnsum，其中 x 为数组实参
End Sub
Function Fnsum(ByRef y() As Single, ByVal n As Integer) As Single    'y()为数组形参
    Dim s As Single, k As Integer
    s = 0
    For k = 0 To UBound(y)
        s = s + y(k) ^ n
    Next k
    Return s                                          '返回 s 值
End Function
```

8.3　嵌套调用

在一个过程中调用另外一个过程，称为过程的嵌套调用。也就是说，某个事件过程可以调用某个过程，这个过程又可以调用另外一个过程，这种程序结构称为过程的嵌套。

【例 8.7】 输入两个数 n、m，求组合数 $C_n^m = \dfrac{n!}{m!(n-m)!}$ 的值。

程序代码如下：

```
Private Sub Form1_Click(…) Handles Me.Click
    Dim m, n As Integer
    m = Val(InputBox("输入 m 的值"))
```

```
        n = Val(InputBox("输入 n 的值"))
        If m > n Then
            MsgBox("输入数据错误", 0, "检查错误")
            End
        End If
        Debug.Print("组合数是：" & Calcomb(n, m))
    End Sub
    Private Function Calcomb(ByVal n, ByVal m)
        Calcomb = Jc(n) / (Jc(m) * Jc(n - m))
    End Function
    Private Function Jc(ByVal x)
        Dim i As Integer, t As Long
        t = 1
        For i = 1 To x
            t = t * i
        Next i
        Jc = t
    End Function
```

程序代码中,采用了过程的嵌套调用方式。在事件过程 Form1_Click 中调用了 Calcomb 过程,而在 Calcomb 过程中先后调用了 3 次 Jc 过程。

8.4　过程、变量的作用域

VB.NET 应用程序由若干个过程组成,在过程中会用到变量。一个过程、变量随着所处的位置及定义方式不同,允许被访问的范围也不相同,过程、变量可被访问的范围称为过程、变量的作用域。

8.4.1　模块

在 VB.NET 中,窗体类（Form）、标准模块（Module）、类（Class）都称为模块。

有时将窗体称为窗体模块,一个窗体对应一个窗体模块。窗体模块可以包括事件过程、通用过程、常量、变量的声明部分等。

标准模块是一种纯代码的模块。当一个程序含有多个窗体模块或其他模块时,如果有多个模块需要共享一些常量、变量、通用过程等,则可以将它们的定义建立在标准模块内,且声明为全局级,供各个模块调用。

在项目中添加标准模块的操作步骤为:

① 选择"项目"菜单中的"添加模块"命令,打开"添加新项"对话框,再选择"模块"选项。

② 在对话框下方指定模块名称,单击"添加"按钮。默认的标准模块名称为 Module$X$（X 为 1, 2···）,如图 8.3 所示。

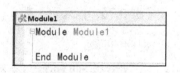

图 8.3　标准模块窗口

8.4.2　过程的作用域

过程的作用域分为：模块级和全局级。根据使用的关键字不同，过程有不同的作用域。

① 模块级过程。在窗体模块或标准模块中用关键字 Private 定义的过程，其作用域仅仅是其所在的模块（窗体模块或标准模块），在其他模块中无效。

② 全局级过程。在窗体模块或标准模块中用关键字 Public（或省略关键字）定义的过程，其作用域是整个应用程序的所有模块。

当全局级过程是在标准模块中定义时，在其他模块中可以直接调用，调用格式为：

全局级过程名([实参表])

当全局级过程是在窗体模块中定义时，在其他模块中调用时需要指定窗体模块的名字，调用格式为：

窗体模块名.全局级过程名([实参表])

8.4.3　变量的作用域

变量的作用域是指变量有效的范围。定义一个变量时，为了能正确地使用变量的值，应当明确在程序的什么地方可以访问该变量。

按照变量的作用域不同，可以将变量分为块级变量、过程级变量、模块级变量和全局变量。

1．块级变量

块级变量一般是在某个控制结构块中声明的变量，它只能在本块内有效。

可以形成控制结构块的语句有：If…End If、For…Next、Do…Loop 等。例如：

```
For k=1 To 100
    Dim s As String                    '变量 s 只能在这个循环块中被引用
    …
Next k
```

实际应用中，一般很少使用块级变量。

2．过程级变量

在一个过程内部用 Dim 声明的变量称为过程级变量（也称为局部变量）。这种变量只能在本过程中有效。在一个窗体模块中可以包括许多过程，在不同过程中定义的局部变量可以同名，因为它们是互相独立的。例如，在一个窗体模块中使用以下两个事件过程：

```
Private Sub Button1_Click(…)…
    Dim count As Integer, sum As Single
    …
End Sub
Private Sub Button2_Click(…)…
    Dim sum As Integer
    …
End Sub
```

这两个事件过程都定义了各自的局部变量，这些变量只能在本过程中使用。不同的过程可以有相同名称的局部变量，如上述的 sum 变量，但这两个同名变量没有任何联系。

3. 模块级变量

在模块（如窗体模块、标准模块）的顶部声明段中使用 Dim 或 Private 声明的变量，称为模块级变量。该变量在本模块内有效，可被本模块的所有过程访问，而其他模块不能访问。

例如，下面代码在窗体模块 Form1 的声明段中定义了一个模块级变量 num。

```
Public Class Form1
        Dim num As Integer                          '声明一个模块级变量
        Private Sub Button1_Click(…) Handles Button1.Click
            num = Val(TextBox1.Text)
            …
        End Sub
        …
End Class
```

4. 全局变量

在模块（如窗体模块、标准模块）的顶部声明段中使用 Public 声明的变量，称为全局变量。其作用范围为整个应用程序，即可以被应用程序中的所有过程访问。

在标准模块中声明的全局变量，可被该模块和其他模块中的过程所引用；在窗体模块中声明的全局变量，则需要通过"窗体名.变量名"的方式引用，例如，在 Form1 窗体模块中引用 Form2 窗体模块中声明的全局变量 w，写成 Form2.w。

8.5 多窗体

在前面的例子中，都只涉及到一个窗体。而在实际应用中，特别是在较为复杂的应用程序中，单一窗体往往不能满足应用需要，通常需要用到多个窗体。在多窗体程序中，每个窗体可以有自己的界面和程序代码，完成不同的操作。

1. 添加窗体

在多窗体程序中，要建立的界面由多个窗体组成。在当前项目中添加一个新的窗体，可以选择"项目"菜单中的"添加 Windows 窗体"命令,打开"添加新项"对话框，再选择"Windows 窗体"并单击"添加"按钮，则可以添加一个新窗体。窗体的默认名称为 Form1、Form2 等。

2. 删除窗体

要删除一个窗体，可按以下步骤进行：
① 在解决方案资源管理器窗口中右击要删除的窗体。
② 在快捷菜单中选择"删除"命令。

3. 保存窗体

在解决方案资源管理器窗口中选定要保存的窗体，再选择"文件"菜单中的"保存"或"另存为"命令，即可保存当前窗体文件。

注意，项目中的每一个窗体修改后都需要分别保存。

4．设置启动窗体

在单一窗体程序中，运行程序时就会从这个窗体开始执行。对于多窗体程序，默认情况下，应用程序会把设计阶段建立的第一个窗体作为启动窗体，在应用程序开始运行时，此窗体先被显示出来，而其他窗体必须通过 Show 方法才能显示。

如果要设置其他窗体为启动窗体，可以采用以下操作。

① 从"项目"菜单中选择"项目属性"命令，打开"项目属性"对话框。

② 选择"应用程序"选项卡，在"启动窗体"列表框中选取要作为启动窗体的窗体。

5．常用方法

在第 2 章 2.2 节中介绍的窗体属性和方法，同样适用于多窗体程序设计。

在多窗体程序中，需要在多个窗体之间切换，也即需要打开、关闭、隐藏或显示指定的窗体，这可以通过相应的方法来实现。

① Show 方法：显示指定的窗体。例如，显示窗体 Form2 的语句是 Form2.Show()。

② Close 方法：关闭指定的窗体。例如，关闭当前窗体的语句是 Me.Close()。

③ Hide 方法：隐藏指定的窗体。例如，隐藏窗体 Form3 的语句是 Form3.Hide()。

以下是一个多窗体应用的示例。

【例 8.8】 计算两数之和与积。

本例使用了"主窗体"、"输入数据"和"计算"三个窗体，"主窗体"提供了操作菜单，"输入数据"窗体用于输入两个运算数，"计算"窗体用于计算。

在各窗体之间需要使用全局变量来传送数据，所以建立一个标准模块 Module1。项目中的模块设置如图 8.4 所示。

（1）主窗体（Form1）

在窗体上添加"输入数据"（Button11）、"计算"（Button12）和"结束"（Button13）三个命令按钮，窗体标题为"主窗体"，如图 8.4 所示。本窗体被设置为启动窗体。

图 8.4　模块设置及主窗体

3 个命令按钮的 Click 事件过程如下：

```
Private Sub Button11_Click(…) Handles Button11.Click          '输入数据
    Me.Hide()                                                 '隐藏主窗体
    Form2.Show()                                              '显示"输入数据"窗体
End Sub
Private Sub Button12_Click(…) Handles Button12.Click          '计算
    Me.Hide()                                                 '隐藏主窗体
    Form3.Show()                                              '显示"计算"窗体
End Sub
Private Sub Button13_Click(…) Handles Button13.Click          '结束
    Me.Close()                          '在结束运行之前，先关闭所有已打开的窗体
    Form2.Close()
    Form3.Close()
```

```
                    End
            End Sub
```

（2）"输入数据"窗体（Form2）

这是在主窗体上单击了"输入数据"按钮后弹出的窗体，用于输入两个运算数 X 和 Y。窗体上添加了 2 个文本框（TextBox21 和 TextBox22）和 1 个"返回"命令按钮（Button21），如图 8.5 所示。

"返回"命令按钮的 Click 事件过程如下：

```
    Private Sub Button21_Click(…) Handles Button21.Click        '返回
            X = Val(TextBox21.Text)
            Y = Val(TextBox22.Text)
            Me.Hide()                                   '隐藏"输入数据"窗体
            Form1.Show()                                '显示主窗体
    End Sub
```

（3）"计算"窗体（Form3）

这是在主窗体上单击了"计算"按钮后弹出的窗体。窗体上添加了 1 个标签、1 个文本框（TextBox1）和 3 个命令按钮（Button31～Button33），如图 8.6 所示。用户可以通过"加法"和"乘法"2 个命令按钮，分别进行加法运算和乘法运算。

图 8.5 "输入数据"窗体

图 8.6 "计算"窗体

3 个命令按钮的 Click 事件过程如下：

```
    Private Sub Button31_Click(…) Handles Button31.Click        '加法
            TextBox31.Text = X + Y
    End Sub
    Private Sub Button32_Click(…) Handles Button32.Click        '乘法
            TextBox31.Text = X * Y
    End Sub
    Private Sub Button33_Click(…) Handles Button33.Click        '返回
            Me.Hide()                                   '隐藏"计算"窗体
            Form1.Show()                                '显示主窗体
    End Sub
```

（4）标准模块（Module1）

本标准模块 Module1 对用到的全局变量 X 和 Y 进行声明。其代码窗口如图 8.7 所示。

程序运行时，首先显示主窗体。在主窗体上，用户可通过"输入数据"和"计算"两个按钮来选择进入不同的

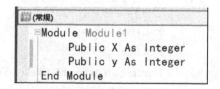

图 8.7 标准模块

窗体，例如单击"输入数据"按钮，则隐藏主窗体，显示"输入数据"窗体。在"输入数据"窗

体或"计算"窗体上，单击"返回"按钮，又可以隐藏当前窗体并重现主窗体。

8.6　程序举例

【例 8.9】　输入一个十进制正整数，将其转换成二进制数、八进制数和十六进制数，如图 8.8 所示。

（1）分析：这是一个数制转换问题。模仿十进制正整数转换成二进制数的方法（即"除 2 取余"），采用逐次"除 r 取余"法（r 为 2，8 或 16），即用 r 去除 d（d 为十进制数）取余数，商赋给 d，如此不断地用 r 去除 d 取余数，直至商为 0 为止，将每次所得的余数逆序排列（以最后余数为最高位），即得到所转换的 r 进制数。

将进制转换处理程序段定义为 Function 过程，过程名为 Fntran，并设置两个参数，分别表示要转换的十进制数 d 和转换进制 r，为保留 d 值，将参数 d 设置为按值传递（ByVal）方式。进制转换结果通过 Fntran 函数值返回。

（2）在窗体上添加 4 个标签、4 个文本框和 1 个命令按钮。文本框 TextBox1（处于上方）用于输入要转换的十进制数，文本框 TextBox2、TextBox3 和 TextBox4 分别用于显示转换得到的二进制数、八进制数和十六进制数。

（3）程序代码如下：

```
Private Sub Button1_Click(…) Handles Button1.Click            '转换
    Dim d As Long
    d = Val(TextBox1.Text)
    TextBox2.Text = Fntran(d, 2)            '调用函数 Fntran，转换为二进制数
    TextBox3.Text = Fntran(d, 8)            '调用函数 Fntran，转换为八进制数
    TextBox4.Text = Fntran(d, 16)           '调用函数 Fntran，转换为十六进制数
End Sub
Function Fntran(ByVal d As Long, ByVal r As Integer) As String
    Dim t As String, n As Integer
    t = ""
    Do While d > 0                          '直到商为 0
        n = d Mod r                         '取余数
        d = d \ r                           '求商
        If n > 9 Then                       '超过 9 时转换成对应的 A～F 十六进制数码
            t = Chr(n + 55) & t             '换码为字母(如 10 换码为 A)，反序加入
        Else
            t = n & t                       '反序加入
        End If
    Loop
    Fntran = t
End Function
```

程序运行后，当输入十进制数 3223 时，显示结果如图 8.8 所示。程序处理（"除 16 取余"法）的示意图如图 8.9 所示。

【例 8.10】　将判断一个数是否为素数编成一个函数，然后通过调用该函数求 500～1000 数

中的所有素数，把这些素数显示在列表框中。

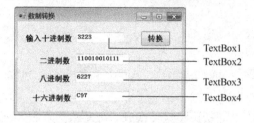

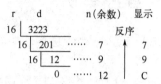

图 8.8　例 8.9 的运行效果　　　　　图 8.9　"除 16 取余"法示意图

（1）分析：素数也称质数，就是只能被 1 和它本身整除，而不能被其他整数整除的整数。例如 2，3，5，7 是质数，而 4，6，8，9 则不是。判断某数 m 是否是素数的算法是：对于 m，从 k = 2, 3, 4, …, m-1 依次判别能否被 k 整除，只要有一个能整除，m 就不是素数，否则 m 是素数。

下面程序代码中，使用 FnPrime 函数来判断 m 是否为素数，若是，则函数返回 True；否则返回 False。

（2）如图 8.10 所示，在窗体上添加 1 个列表框 ListBox1、1 个标签 Label1 和 1 个命令按钮 Button1。

图 8.10　例 8.10 的运行界面

（3）编写的程序代码如下：

```
Private Sub Button1_Click(…) Handles Button1.Click        '求素数
    Dim t As Integer
    ListBox1.Items.Clear()                                '清除列表框中的内容
    For t = 500 To 1000
        If FnPrime(t) Then                                '调用函数，将根据 t 是否素数返回 True 或 False
            ListBox1.Items.Add(t)                         '若是素数，则存入列表框中
        End If
    Next t
    Label1.Text="500～1000 数中共有" & vbCrLf & ListBox1.Items.Count & "个素数"
End Sub
Function FnPrime(ByVal m As Integer) As Boolean
    Dim k As Integer, f As Boolean
    f = True                                              '设置 f 来表示判断状态，初值为 True
    For k = 2 To m − 1                                    '从 k = 2, 3, 4, …, m-1 依次判断
        If m Mod k = 0 Then                               '判断 m 是否能被 k 整除
            f = False                                     '若 m 能被 k 整除，则置 f 为 False
            Exit For
        End If
    Next k
    FnPrime = f                                           '返回函数值
End Function
```

【例 8.11】 动态文字。

（1）如图 8.11 所示，在窗体上添加 3 个文本框和 1 个定时器，定时器的 Interval 属性值设置

为 250，Enabled 属性值设置为 True。

（2）利用 Tick 事件过程，逐次显示长度有规则变化的文字串，从而实现动态文字的效果。3
个文本框中分别以不同动态形式显示一段文字"过程是程序中一个相对独立的程序段"，第 1 个
文本框 TextBox1 从左到右逐字显示文字，第 2 个文本框 TextBox2 使文字从左到右作水平移动，
第 3 个文本框 TextBox3 以闪动方式显示文字。

图 8.11　例 8.11 的运行效果

（3）程序代码如下：

```
Dim txt As String, n, k As Integer                      '声明模块级变量
    Private Sub Form1_Load(…) Handles MyBase.Load
        n = 0
        txt = "过程是程序中一个相对独立的程序段"
        k = Len(txt)
        TextBox1.ForeColor = Color.FromArgb(255, 0, 0)      '红色
        TextBox2.ForeColor = Color.FromArgb(0, 0, 0)        '黑色
        TextBox3.ForeColor = Color.FromArgb(0, 0, 255)      '蓝色
    End Sub
    Private Sub Timer1_Tick(…) Handles Timer1.Tick
        n = n + 1                                           '变量 n 用于控制每次要获取的文字长度
        If n <= k Then
            TextBox1.Text = Strings.Left(txt, n)            '逐次取 n 个字符
            TextBox2.Text = Space(2 * (k - n)) + Strings.Left(txt, n)
        Else
            n = 0
            TextBox1.Text = ""
            TextBox2.Text = ""
        End If
        If n Mod 2 = 0 Then                                 '以 2 个时间间隔为 1 个周期，显示及清除交替进行
            TextBox3.Text = txt                             'n 为偶数时显示
        Else
            TextBox3.Text = ""                              'n 为奇数时清除
        End If
    End Sub
```

程序代码中模块级变量 n 是一个关键参数。以第 1 个文本框 TextBox1 为例，开始时 n 为 0，
文本框内无文字显示，以后每次进入 Timer1_Tick 过程时 n 加 1，通过函数 Left(Txt,n)使得文本框
内显示的文字逐次加 1 个；当 n 大于 k（k 是一行文字的总长度）时，则 n 恢复为 0，从而使文

字显示又从头开始，如此反复进行。

【例 8.12】 加密和解密。

为增强信息的安全性，常常需要对文本中的字符串进行加密处理，使外人无法辨认字符串的真实内容，加密后的文本称为密文，只有通过相应的代码解密后才能解读。编写程序，对输入的字符串中的字母及数字进行加密和解密。

（1）分析：

① 本例采用最简单的加密方法，其做法是，对字符串中的每个字符进行变换，例如将其字符码值加上一个数值，这样原字符就变成了另外一个字符。例如，加数值 4，则这时字符"A" → "E"，"B" → "F"，…，"Z" → "D"。这个数值称为密钥。解密是加密的逆操作。

② 假设原字符为 s，加密、解密后字符码存放在 tasc 中，则有（设密钥为 4）：

加密：tasc = Asc(s) + 4

解密：tasc = Asc(s) - 4

③ 加密过程中有可能造成新的字符超过"Z"、"z"或"9"，如果超过，则将变换后的字符码减去 26、26 或 10，使之绕回到字母表或数字表的起始位置。对于大写字母来说，处理如下：

If tasc > Asc("Z") Then tasc = tasc - 26

解密过程中也有可能造成新的字符小于"A"、"a"或"0"，如果小于，则将变换后的字符码加上 26、26 或 10，使之绕回到字母表或数字表的末尾位置。对于大写字母来说，处理如下：

If tasc < Asc("A") Then tasc = tasc + 26

④ 加密和解密的运算过程相似，本例编制一个函数过程 FnTr() 来统一完成加密和解密的处理，并设置标志码 f（加密时 f=1，解密时 f=-1），使之区分两种不同的操作。

⑤ 为增加破解的难度，本例针对不同类型的字符采用不同的密钥，即大写字母的密钥为 4，小写字母的密钥为 3，数字字符的密钥为 2。

（2）参照图 8.12 设计界面，其中 3 个文本框 TextBox1、TextBox2 和 TextBox3 分别用于输入要加密的原字符串、显示加密结果和显示解密结果。

（3）编写的程序代码如下：

```
Private Sub Button1_Click(…) Handles Button1.Click        '加密
    Dim s As String
    s = Trim(TextBox1.Text)
    TextBox2.Text = FnTr(1, s)                            '显示加密结果
End Sub
Private Sub Button2_Click(…) Handles Button2.Click        '解密
    Dim s As String
    s = Trim(TextBox2.Text)
    TextBox3.Text = FnTr(-1, s)                           '显示解密结果
End Sub
Function FnTr(ByVal t As Integer, ByVal x As String) As String   'FnTr 函数过程
    Dim k, tasc As Integer, s, code As String
    code = ""
    For k = 1 To Len(x)
        s = Mid(x, k, 1)
        Select Case s
```

```
            Case "A" To "Z"                          '处理大写字母
                tasc = Asc(s) + 4 * t                '通过 t 来控制加密(+4)或解密(-4)操作
                If tasc < Asc("A") Or tasc > Asc("Z") Then tasc = tasc - 26 * t
                code = code & Chr(tasc)
            Case "a" To "z"                          '处理小写字母
                tasc = Asc(s) + 3 * t
                If tasc < Asc("a") Or tasc > Asc("z") Then tasc = tasc - 26 * t
                code = code & Chr(tasc)
            Case "0" To "9"                          '处理数字字符
                tasc = Asc(s) + 2 * t
                If tasc < Asc("0") Or tasc > Asc("9") Then tasc = tasc - 10 * t
                code = code & Chr(tasc)
            Case Else                                '其他字符, 不处理
                code = code & s
        End Select
    Next
    FnTr = code
End Function
```

程序运行后,输入原字符串 "Visual Basic 2010 欢迎您",单击 "加密" 按钮,则显示加密结果,再单击 "解密" 按钮,显示结果如图 8.12 所示。

图 8.12   例 8.12 的运行界面

习题 8

一、单选题

1. 假设已通过 Sub 语句定义了下列的 Mysub3 过程。若要调用该过程,可以采用_____语句。
   Sub Mysub3(ByVal x As Short)
   A) s=Mysub3(2)   B) Mysub3(32000)
   C) MsgBox(Mysub3(120))   D) Call Mysub3(40000)

2. 以下叙述中错误的是_____。
   A) 事件过程是由某个事件触发而执行的过程
   B) 在事件过程中可以调用 Sub 过程
   C) 在 Sub 过程中可以调用 Function 过程
   D) Function 过程和 Sub 过程都可以通过过程名返回值

3．以下的过程定义语句中合法的是_____。

A）Sub Pro(ByRef d(50))

B）Sub Pro(ByRef x) As Integer

C）Function Pro(ByRef x)

D）Function Pro(ByRef Pro)

4．在下列程序运行时单击窗体，在即时窗口中显示的是_____。

Private Sub Form1_Click(⋯) Handles Me.Click

  Dim b, y As Integer

  Call Mysub4(3, b)

  y = b

  Call Mysub4(4, b)

  Debug.Print(y + b)

End Sub

Sub Mysub4(ByVal x, ByRef t)

  t = 0

  For k = 1 To x

   t = t + k

  Next k

End Sub

A）13   B）16   C）19   D）21

5．在下列程序运行时单击窗体，在消息框中显示的是_____。

Private Sub Form1_Click(⋯) Handles Me.Click

  Dim a As Short = 12, b As Short = 5

  Call Mysub5(a, b)

  MsgBox(a + b)

End Sub

Public Sub Mysub5(ByRef x As Short, ByVal y As Short)

  y = y * 2 + x

  x = y Mod x

End Sub

A）34   B）32   C）17   D）15

6．在窗体上有 1 个文本框 TextBox1、1 个标签 Label1 和 1 个命令按钮 Button1，并编写如下事件过程和通用过程：

Private Sub Button1_Click() Handles Button1.Click

  Dim n, x As Single

  n = Val(TextBox1.Text)

  x = f2(n) + f1(n)

  Label1.Text = x & "," & n

End Sub

Function f1(ByVal m)

  m = m * 2

```
    f1 = m + 1
End Function
Function f2(ByRef m)
    m = m * 3
    f2 = m − 1
End Function
```

程序运行后，在文本框中输入 4，再单击命令按钮，则在标签上显示的是_____。

A）36,12　　　　　　　B）20,4　　　　　　　C）36,4　　　　　　　D）20,12

7. 为达到把 a、b 中的值交换后输出的目的，某同学编程如下：

```
Private Sub Button1_Click(···) Handles Button1.Click
    Dim a, b As Integer
    a = 10 : b = 20
    Call swap(a, b)
    Debug.Print(a & "," & b)
End Sub
Private Sub swap(ByVal a As Integer, ByVal b As Integer)
    Dim c As Integer
    c = a : a = b : b = c
End Sub
```

调试时发现输出结果错了，需要修改。请从下面的 4 个修改选项中选择 1 个正确选项：

A）调用 swap 过程的语句错误，应改为：Call swap a,b

B）输出语句错误，应改为：Debug.Print("a , b")

C）过程的形式参数有错，应改为：

　　swap(ByRef a As Integer,ByRef b As Integer)

D）swap 中 3 条赋值语句的顺序是错误的，应改为：a=b:b=c:c=a

8. 有以下函数 Fnp 和测试该函数的事件过程：

```
Function Fnp(ByVal x As Long, ByVal n As Integer) As Long
    Dim count As Integer
    Do While x >= n
        x = x − n
        count = count + 1
    Loop
    Fnp = count
End Function
Private Sub Form1_Click(···) Handles Me.Click
    Debug.Print(Fnp(10, 2))
End Sub
```

此函数的返回值是_____。

A）x 乘以 n 的乘积（含小数部分）　　　　B）x 加 n 的和

C）x 除以 n 的商（不含小数部分）　　　　D）x 减 n 的差

9. 在窗体模块中定义的 Private 过程，_____的过程可调用该过程。

A）本窗体   B）本应用程序中所有

C）其他窗体   D）标准模块中

二、填空题

1．按地址传递是当过程被调用时，形参和实参共享＿＿＿(1)＿＿＿。

2．如果在被调过程中改变了形参变量的值，但又不影响实参变量本身，这种参数传递方式称为＿＿＿(2)＿＿＿。

3．当形参是数组时，在过程体内对该数组执行操作，为了确定数组的下标上界值，可以使用＿＿＿(3)＿＿＿函数。

4．按照如下要求写出函数过程定义的首语句，即 Function ＿＿＿＿(4)＿＿＿定义语句。要求：形参有两个，其中 x 为短整型数（按值传递），d 是二维字符串数组，函数过程名为 Fnmy，函数返回值为逻辑型。

5．在下列程序运行时单击窗体，在消息框中显示的是＿＿＿(5)＿＿＿。

```
Private Sub Form1_Click(…) Handles Me.Click
    Dim a, b, s As String
    a = "ABCDEFG" : b = "12345"
    s = Fn1(a) + Fn1(b)
    MsgBox(Fn1(Fn1(Fn1(s))))
End Sub
Function Fn1(ByVal x) As String
    Dim k As Integer
    k = Len(x)
    Fn1 = Mid(x, 2, k - 2)
End Function
```

6．程序中包含 2 个窗体 Form1、Form2 及 1 个标准模块 Module1。2 个窗体上分别都有 1 个名称为 Button1 的命令按钮。窗体 Form1 为启动窗体。

Form1 的代码如下：

```
Private Sub Form1_Load(…) Handles MyBase.Load
    x = 4
    y = 3
End Sub
Private Sub Button1_Click(…) Handles Button1.Click
    y = y + 3
    Form2.Show()
End Sub
```

Form2 的代码如下：

```
Private Sub Button1_Click(…) Handles Button1.Click
    x = y - 1
    MsgBox(x * y)
End Sub
```

Module1 的代码如下：

Module Module1

    Public x,y As Integer

End Module

程序运行后，单击 Form1 上的命令按钮 Button1，则显示 Form2；再单击 Form2 上的命令按钮 Button1，则在消息框中显示的是___（6）___。

上机练习 8

1．求解 s = 1! + 2! + 3! + … + 10! 的值。程序代码中有 3 处错误，请修改并上机调试。

```
Private Sub Form1_Click(…) Handles Me.Click
    Dim s As Integer
    s = 0
    For k = 1 To 10
        s = jc(k)
    Next k
    MsgBox("求解的结果: " & s)
End Sub
Function jc(ByVal n As Short) As Short
    Dim t As Integer
    t = 1
    For j = 1 To n
        t = t * j
    Next j
    Return jc
End Function
```

2．有以下函数 fnws，功能是返回参数 x 中数值的位数。

```
Function fnws(ByVal x As Long) As Integer
    Dim n As Integer
    n = 1
    Do While x \ 10 >= 0
        n = n + 1
        x = x Mod 10
    Loop
    fnws = n
End Function
```

在调用该函数时发现返回的结果不正确，函数需要修改，请从下面的 4 个修改选项中选择一个或多个正确选项，并编写一个调用该函数的事件过程，对修改后的函数 fnws 进行上机验证。

A）把语句 n = 1 改为 n = 0

B）把循环条件 x \ 10 >= 0 改为 x \ 10 > 0

C）把语句 x = x Mod 10 改为 x = x \ 10

D）把语句 fnws = n 改为 fnws = x

3. 编写一个求表达式 $\sqrt{a^2+b^3}$ 的值的函数过程，在窗体的 Click 事件过程中调用该函数过程计算以下 y 的值，计算结果用消息框显示。

$$y = \frac{\sqrt{2^2+3^3}+\sqrt{4^2+5^3}}{\sqrt{6^2+7^3}}$$

4. 编写一个含有 Sub 过程的标准模块，该 Sub 过程能根据参数 m 求 1+2+3+…+m 的值。在命令按钮的 Click 事件过程中用 InputBox 函数输入 n 的值，调用该 Sub 过程计算以下 y 的值，计算结果显示在标签中。

$$y = 1 + (1+2) + (1+2+3) + \cdots + (1+2+3+\cdots+n)$$

5. 验证任意一个大于 7 的奇数可表示为 3 个素数之和。要求：①将判断一个数是否为素数编成一个函数，然后调用该函数来实现处理；②用等式形式表示验证结果。参考界面如图 8.13 所示。

6. 编写程序，创建 Form1 和 Form2 两个窗体，每个窗体都添加 1 个命令按钮。命令按钮的名称分别为 C1 和 C2，标题分别为"隐藏"和"显示"。设置 Form2 为启动窗体。

程序运行开始只显示 Form2 窗体，单击 Form2 上的 C2 按钮时，显示 Form1 窗体；单击 Form1 上的 C1 按钮时，则 Form1 窗体消失。

7. 编写程序，创建 Form1、Form2 和 Form3 三个窗体，并完成如下处理：

① Form1 用于输入用户名和密码（假设用户名和密码分别为 username 和 password），如图 8.14 所示。输入用户名和密码并按下"判断"按钮，当输入正确时显示 Form2，当连续 3 次输入错误时显示 Form3。

图 8.13　第 5 题的运行界面　　　　图 8.14　窗体 Form1 的运行界面

② 在 Form1 中单击"结束"按钮时结束程序运行。

③ 在 Form2 中用文本框显示"欢迎你使用本系统"，单击"返回"按钮，回到 Form1。

④ 在 Form3 中用文本框显示"请向管理员查询"，单击"退出"按钮，结束程序运行。

第 9 章　数据文件与程序调试

本章主要介绍数据文件和程序调试，这是程序设计中必须掌握的两种基本技术。

9.1　数据文件

在前面各章中，应用程序所处理的数据都存储在变量或数组中，这些数据不能长期保存，因为退出应用程序时，变量或数组所占有的存储空间会释放。若要长期保存，以便于以后的重复使用，则需要将数据以文件或数据库的形式保存在磁盘等外存储器中。VB.NET 具有较强的文件处理能力，它既保留了 VB6.0 原有的文件处理方式，又通过类方式为用户提供文件流的处理方式。本节重点介绍前者，即使用 VB 传统语句直接访问数据文件。

9.1.1　数据文件的基本概念

数据文件是保存在磁盘等外存储器上的数据集合。按数据的存放方式，数据文件可分为以下 3 种类型。

① 顺序文件：这是一种普通的文本文件。一条记录是一个数据块。文件中的记录按顺序一个接一个地排列。在写入或读取时，只能按记录的先后次序进行，如先写入第 1 条记录，再写入第 2 条记录，依次下去；读取文件时，也必须从第 1 条记录开始。由于无法随意读/写，它只适用于有规律的、不经常修改的数据。

② 随机文件：随机文件由一系列长度相同的记录所组成，而每条记录可以包含若干个数据项。每一条记录都有一个记录号，通过记录号可以直接访问某一特定记录，也就是可以随机访问。随机文件的优点是数据读/写速度快，更新方便，但数据组织较为复杂。

③ 二进制文件：二进制文件由一系列字节组成，没有固定的格式，其数据存取是以字节为单位进行的，可以直接读取或修改文件中的任意字节。

数据文件处理的一般步骤是。

① 打开（或新建）文件。一个文件必须先打开或新建后才能使用。

② 进行读取、写入操作。打开（或建立）文件后，就可以进行所需的输入/输出操作。例如，从数据文件中读取数据到内存中，或者把内存中的数据写入到数据文件中。

③ 关闭文件。

9.1.2　顺序文件

1. 打开文件

以指定的方式打开文件，使用的函数格式如下。

　　FileOpen(文件号，文件名，模式)

其中：

①"文件名"用来指定要打开的文件。文件名还可以包括路径。

②"模式"用于指定文件访问的方式，包括以下几种。

- OpenMode.Output——向文件写入数据；
- OpenMode.Input——从文件中读取数据；
- OpenMode.Append——把数据添加到文件的末尾。

如果以 Output 模式打开一个不存在的文件，则建立一个新文件；如果该文件已经存在，则文件中原有内容将被清除。

③ 对文件进行操作需要一个内存缓冲区（或称文件缓冲区），"文件号"用来指定本文件使用的是哪一个缓冲区。在文件打开期间，使用文件号即可访问相应的内存缓冲区，以便对文件进行读/写操作。

例如：

　　　　FileOpen(1, "D:\VB\Cj1.txt", OpenMode.Output)

表示以 Output 模式打开"D:\VB"文件夹下的 Cj1.txt 文件，使用的文件号为 1。

2. 关闭文件

打开的文件使用完后必须关闭。关闭文件的函数格式为：

　　　　FileClose(文件号 1[，文件号 2…])

如果省略文件号(即 FileClose())，则表示关闭所有已打开的文件。

3. 读/写操作

将数据写入顺序文件，使用的函数是 Write、WriteLine、Print 和 PrintLine；从顺序文件中读出数据，使用的函数是 Input、LineInput 和 InputString。以下介绍其中常用的 4 个函数。

（1）Write、WriteLine 函数（写操作）

格式：Write(文件号[，表达式表])

　　　　WriteLine(文件号[，表达式表])

功能：将一系列表达式的值写入到指定的顺序文件中。

写入数据时，Write 函数在行尾没有换行，WriteLine 函数在行尾包含换行，即 WriteLine 函数执行一次，就在文件中写入一行数据。

例如，要把字符串"Good Afternoon"和数值 2017 写入 1 号文件中，可采用：

　　　　Write(1,"Good Afternoon", 2017)

【例 9.1】 把 1～50 的 50 个整数，以及这些数中能被 7 整除的数分别存入两个文件中，文件名为 num1 和 num2，文件存放在"D:\VB"文件夹下。

程序代码如下：

```
Private Sub Form1_Click(…) Handles Me.Click
    Dim k As Integer
    FileOpen(1, "D:\VB\num1.txt", OpenMode.Output)
    FileOpen(2, "D:\VB\num2.txt", OpenMode.Output)
    For k = 1 To 50
        Write(1, k)
        If k Mod 7 = 0 Then Write(2, k)
    Next k
    FileClose(1, 2)
    Me.Close()
End Sub
```

程序运行后，num1.txt 文件中一共写入 50 个数据，而 num2.txt 文件只写入其中能被 7 整除的若干个数据。

【例 9.2】 在例 9.1 所生成的 num2.txt 文件中，已经存放了若干个能被 7 整除的数，现要求再添加 51～200 范围内能被 7 整除的数，程序代码如下：

```
Private Sub Form1_Click(…) Handles Me.Click
    Dim k As Integer
    FileOpen(1, "D:\VB\num2.txt", OpenMode.Append)
    For k = 51 To 200
        If k Mod 7 = 0 Then Write(1, k)
    Next k
    FileClose(1)
    Me.Close()
End Sub
```

（2）Input 函数（读操作）

格式：Input(文件号，变量名)

功能：从顺序文件中读出一个数据并赋值给指定的变量。变量的类型与文件中数据的类型要求一致。

系统采用文件指针来记住当前记录的位置。打开文件时，文件指针指向文件中的第一条记录，以后每读取一条记录，指针就向前推进一次。如果要重新从文件的开头读数据，则先关闭文件后打开。

（3）LineInput 函数（读操作）

格式：字符串变量名=LineInput(文件号)

功能：从指定的顺序文件中读出一行数据，并将它作为函数的返回值。

【例 9.3】 已知文件 num2.txt 中存放一批能被 7 整除的数（见例 9.1 及例 9.2），现要求读出这些数并显示出来，每行显示 5 个数。程序代码如下：

```
Private Sub Form1_Click(…) Handles Me.Click
    Dim k, x As Integer
    FileOpen(1, "D:\VB\num2.txt", OpenMode.Input)
    Do While Not EOF(1)                          '文件未结束时，继续循环
        Input(1, x)
        Debug.Write(x & Space(5))
        k = k + 1
        If k Mod 5 = 0 Then Debug.Write(vbCrLf)
    Loop
    FileClose(1)
End Sub
```

说明：EOF（文件号）函数用于判断文件指针是否到达文件末尾，如果是（文件数据已读完），函数值为 True 值，否则为 False 值。

上面已经介绍了顺序文件的读写操作。顺序文件的缺点是，不能快速地读写所需的数据，也

不容易进行数据的插入、删除和修改等工作，因此对于经常要修改数据或取出文件中个别数据的情况，均不适合使用，但对于数据变化不大，每次使用时又需要从头往后顺序进行读写的情况，它不失为一种好的文件结构。

9.1.3 随机文件

在随机文件中，可以直接而迅速地读取到所需要的记录，不必从头往后顺序地进行。它之所以能够如此，是因为随机文件中每条记录都有记录号，并且记录长度都是相同的(定长)，通过指定记录号就可以找到记录所在位置，然后写入或读出。

1. 随机文件的打开和关闭

打开随机文件使用 FileOpen 函数。其语法格式为：

    FileOpen(文件号，文件名, OpenMode.Random, , , Len=记录长度)

说明：① 若指定的文件不存在，则系统会自动创建该文件；若存在，则打开文件。打开文件后，既可以读，也可以写。

② Len 用于指定记录长度。

关闭随机文件采用 FileClose 函数。

2. 读/写操作

（1）FileGet 函数（读操作）
格式：FileGet(文件号，变量名[,记录号])
功能：该函数从随机文件中读取一条由记录号指定的记录，存放在变量中。

说明："记录号"是大于等于 1 的整数，表示要读取的是第几条记录，如果省略不写（默认记录号），则表示是当前记录。"变量名"是接收记录内容的记录变量名。记录变量的数据类型应与文件中记录的数据类型一致。

例如：FileGet(1,nv,2)
表示把 1 号文件中第 2 条记录读到 nv 变量中。
不管是读操作还是写操作，对随机文件指定的记录进行操作后，文件指针将自动移到所操作记录的下一条记录上。
（2）FilePut 函数（写操作）
格式：FilePut(文件号，变量名[,记录号])
功能：该函数将一条记录变量的内容，写入随机文件中指定的记录位置处。

向文件尾添加记录时，若不知已有多少条记录，可用 LOF 函数（返回打开文件的长度）除以记录长度来计算记录总数，即下一条要添加的记录的记录号为：

    LOF(文件号)/记录长度 + 1   '记录总数 = LOF(文件号)/记录长度

【例 9.4】 建立一个随机文件 "data1.dat"，文件中包含 10 条记录，每条记录由 3 个数据项组成。第 1 条记录存放数值 1 的平方数、立方数和开方根数，第 2 条记录存放数值 2 的平方数、立方数和开方根数，其余类推，以该数值作为记录号。存入全部记录后，再读出记录号为 2、6、10 的 3 条记录。

程序中用 Structure…End Structure 语句声明一个结构类型 Numval，Numval 包含与文件中记录相一致的 3 个数据成员，再定义一个结构变量 nv, nv 变量也就包含该类型的 3 个数据成员，以后可通过 nv.squre、nv.cube、nv.sqroot 进行引用。

编写如下程序代码：

```
Structure Numval                        '声明一个结构类型 Numval
    Dim Squre As Integer                '定义数据成员
    Dim Cube As Long
    Dim Sqroot As Single
End Structure
Dim nv As Numval                        '定义一个 Numval 类型的变量 nv
Private Sub Form1_Click(…) Handles Me.Click
    Dim k As Integer
    FileOpen(1, "D:\VB\data1.dat", OpenMode.Random, , , Len(nv))
    For k = 1 To 10                     '写入 10 条记录
        nv.Squre = k * k
        nv.Cube = k * k * k
        nv.Sqroot = Math.Sqrt(k)
        FilePut(1, nv, k)
    Next k
    For k = 2 To 10 Step 4              '读出 3 条记录
        FileGet(1, nv, k)
        Debug.Print(k & "号记录：" & nv.Squre & ", " & nv.Cube & ", " & nv.Sqroot)
    Next k
    FileClose(1)
End Sub
```

运行时单击窗体，在即时窗口中显示：

2 号记录：4, 8, 1.414214

6 号记录：36, 216, 2.44949

10 号记录：100, 1000, 3.162278

Label4

图 9.1　用随机文件处理学生资料

【例 9.5】 用随机文件处理学生资料。

（1）用 Structure…End Structure 语句声明一个学生资料结构类型 student。因为随机文件中每条记录的长度必须定长，因此记录中不能出现不定长的数据类型。由于 String 是不定长的数据类型，因此使用 "<VBFixedString(长度)>" 属性来声明定长字符串。

（2）在窗体上添加 3 个文本框表示一个学生记录资料。7 个按钮分别表示 "新增记录"、"修改记录"、"结束"、"首记录"、"后移"、"前移"、"末记录"，如图 9.1 所示。

（3）程序代码如下：

```
Structure student                          '声明一个结构类型 student
    <VBFixedString(6)> Dim xh As String    '本结构包含 xh、xm、cj 三个成员
    <VBFixedString(8)> Dim xm As String
    Dim cj As Integer
```

```
            End Structure
            Dim st As student                                                      '定义一个 student 类型的变量 st
            Dim no As Integer                                                      '声明记录号 no 为模块级变量
        Private Sub Form1_Load(…) Handles MyBase.Load
            FileOpen(1, "D:\VB\stu.dat", OpenMode.Random, , , Len(st))             '打开文件
            If LOF(1) = 0 Then
                no = 0
                Label4.Text = "文件中没有记录"
            Else
                no = 1
                Call GetRec()                                                      '调用通用过程 GetRec()
            End If
        End Sub
        Private Sub Button1_Click(…) Handles Button1.Click                         '新增记录
            st.xh = TextBox1.Text
            st.xm = TextBox2.Text
            st.cj = Val(TextBox3.Text)
            no = LOF(1) / Len(st) + 1
            FilePut(1, st, no)
            Label4.Text = "新增第" & no & "条记录"
        End Sub
        Private Sub Button2_Click(…) Handles Button2.Click                         '修改记录
            st.xh = TextBox1.Text
            st.xm = TextBox2.Text
            st.cj = Val(TextBox3.Text)
            FilePut(1, st, no)
            Label4.Text = "修改第" & no & "条记录"
        End Sub
        Private Sub Button3_Click(…) Handles Button3.Click                         '结束
            FileClose(1)
            End
        End Sub
        Private Sub Button4_Click(…) Handles Button4.Click                         '首记录
            If LOF(1) = 0 Then
                Label4.Text = "文件中没有记录"
                Exit Sub
            End If
            no = 1
            Call GetRec()                                                          '调用通用过程 GetRec()
        End Sub
        Private Sub Button5_Click(…) Handles Button5.Click                         '后移
```

```
        If no = LOF(1) / Len(st) Then
            Label4.Text = "没有下一条记录"
            Exit Sub
        End If
        no = no + 1
        Call GetRec()                                          '调用通用过程 GetRec()
End Sub
Private Sub Button6_Click(…) Handles Button6.Click             '前移
        If no <= 1 Then
            Label4.Text = "没有上一条记录"
            Exit Sub
        End If
        no = no - 1
        Call GetRec()
End Sub
Private Sub Button7_Click(…) Handles Button7.Click             '末记录
        If LOF(1) = 0 Then
            Label4.Text = "文件中没有记录"
            Exit Sub
        End If
        no = LOF(1)/Len(st)
        Call GetRec()                                          '调用通用过程 GetRec()
End Sub
Sub GetRec()                              '本过程功能是，读取 no 号记录并显示该记录内容
        FileGet(1, st, no)
        TextBox1.Text = st.xh
        TextBox2.Text = st.xm
        TextBox3.Text = st.cj
        Label4.Text = "第" & no & "条记录(共" & LOF（1） / Len(st) & "条）"
End Sub
```

9.1.4　二进制文件

二进制文件的访问模式是 Binary，其读写操作与随机文件类似，也是使用 FileGet 和 FilePut，区别在于二进制文件的存取单位是字节，而随机文件的存取单位是记录。

与随机文件一样，二进制文件一旦打开，既可以读，也可以写。

【例 9.6】 把两个字符串写入二进制文件"biny.dat"，从第 50 字节起写入第 1 个字符串"Visual Basic.NET"，从第 100 字节起写入第 2 个字符串"程序设计"。

程序代码如下：

```
Private Sub Form1_Click(…) Handles Me.Click
        Dim txt1, txt2 As String
        FileOpen(1, "D:\VB\biny.dat", OpenMode.Binary)
```

```
        txt1 = "Visual Basic.NET"
        txt2 = "程序设计"
        FilePut(1, txt1, 50)
        FilePut(1, txt2, 100)
        FileClose(1)
    End Sub
```

二进制文件是以二进制码格式保存的文件，可以存放任意类型的数据。但是，必须准确地知道数据是如何写入的，才能正确地读取数据。

9.2 程序调试

在程序的编制过程中，发生错误是常有的事，因此程序调试是一个程序开发中不可缺少的过程。VB.NET 提供了一组调试工具，借助于这些调试工具，编程人员可以快捷地找到程序中存在的错误。VB.NET 还提供了专门的异常处理机制，允许编写代码对潜在的错误进行处理。

9.2.1 程序中的错误类型

程序调试的关键在于发现并识别错误，然后才能采取相应的纠错措施。程序中出现的错误可分为三类：语法错误，运行时错误和逻辑错误。

1. 语法错误

这种错误通常是由于不正确书写代码而产生的。例如，关键字写错，遗漏标点符号，括号不匹配等。

VB.NET 提供了很好的编程环境。当用户在代码窗口中编辑程序时，系统会自动对代码进行语法检查，若发现程序中存在语法错误，例如，关键字输入错误、使用未经声明的变量、函数未定义等，系统会用蓝色波浪线标示有错误的关键字，提示用户以便在编译之前予以改正，当用户将鼠标指针指向波浪线时，系统将用浮动标签提示具体的出错原因，如图 9.2 所示。同时在错误列表窗口中显示错误信息，如图 9.3 所示。

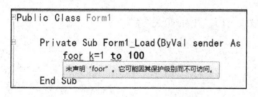

图 9.2 系统对语法错误的提示

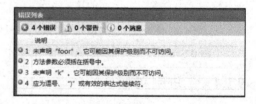

图 9.3 错误列表显示错误信息

语法错误是三类错误中较为容易被发现的一种错误，通常在运行程序前就可以发现并改正。

2. 运行时错误

运行时的错误是指程序在运行期间执行了非法操作所发生的错误。例如，除法运算中除数为零、数组下标越界、访问文件时文件夹或文件找不到等。这种错误只有在程序运行时才能被发现。当程序中出现这种错误时，程序会自动中断，并以黄色背景标示错误语句和给出有关的错误信息。例如，下列程序代码：

Private Sub Form1_Click(⋯) Handles Me.Click

    Dim d(20),k As Integer

    For k=1 To 30

      d(k)=k*K

    Next k

End Sub

当程序运行时，就会发生"索引超出了数组界限"（数组下标越界）的错误。

3. 逻辑错误

逻辑错误使程序运行时得不到预期的结果。这种程序没有语法错误，也能运行，但却得不到正确的结果。例如，在一个算术表达式中，把乘号"*"写成了加号"+"，条件语句的条件写错，循环次数计算错误等，都属于这类错误。死循环经常是逻辑错误引起的。

例如，要求 8!，若采用如下程序代码：

Private Sub Form1_Click(⋯) Handles Me.Click

    Dim t, k As Integer

    For k=1 To 8

      t=t*k

    Next k

    Debug.Print(t)

End Sub

当运行程序时输出的结果是 0，显然它不是正确的答案。错误发生在没有给累乘器 t 赋初值 1。

通常，调试程序过程中所花的大部分时间和精力都在逻辑错误上。

9.2.2 调试和排错

程序中存在错误会导致程序不能正确运行，查找和纠正错误的过程就称为程序调试（Debug）。

1. 程序工作模式

在 VB.NET 集成开发环境中有三种工作模式：设计模式、运行模式和调试模式。从主窗口的标题栏上显示的"项目名称- XX"、"项目名称(正在运行）- XX"、"项目名称(正在调试）-XX"，用户可以了解当前所处的工作模式。

（1）设计模式

用户创建应用程序的大部分工作是在设计模式下完成的。在设计模式下，用户可以建立应用程序的用户界面，设置控件的属性，编写程序代码等。

（2）运行模式

单击工具栏上的"启动调试"按钮，或选择"调试"菜单中的"启动调试"命令，即可进入运行模式，在运行模式下，用户可以测试程序的运行结果，可以与程序对话，还可以查看程序代码，但不能修改程序。

当程序运行时，如果想终止程序运行，或者因进入"死循环"（无限循环）等导致程序运行无法终止（此时鼠标指针呈沙漏状）时，均可以单击工具栏上的"停止调试"按钮，使程序终止运行。

（3）调试模式

在程序运行过程中，单击工具栏上的"全部中断"按钮，或选择"调试"菜单中的"全部中断"命令，即可暂停程序的运行而进入调试模式。此时可以查看或修改程序代码，检查或更改某些变量或表达式的值，或者在断点附近单步执行程序，以便发现错误或改正错误。

通过在代码中设置断点或插入 Stop 语句，也可以使程序进入调试模式。

2. 简单调试

除在设计阶段中排除所有的语法错误外，在程序运行过程中，还可以用 MsgBox 函数、Debug.Print 方法等输出变量、属性等的值，观察其是否与预期结果相一致，并以此判断错误所在，排除程序中的运行时错误和逻辑错误。

例如，在程序分支处插入 MsgBox 函数，可以了解程序转向哪一个分支：

```
If   yMod 4 = 0 And y Mod 100 < >0  Then
    MsgBox("**1**y=" & y)
     …
Else
    MsgBox("**2**y=" & y)
     …
End If
```

又如，假设某程序运行时不能得到预期的结果，而影响运行结果的关键性变量是 t，此时可以在可能会出错的地方插入 MsgBox 函数，以了解该变量 t 的变化情况：

```
…                              '有问题的程序段
MsgBox("**1**t=" & t)          '插入 MsgBox，检查该运行时刻变量 t 的值
…
MsgBox("**2**t=" & t)          '再次插入 MsgBox，检查该运行时刻变量 t 的值
…
```

3. 使用调试工具

通过 VB.NET 主窗口的"调试"菜单，或打开"调试"工具栏，可以获得常用的调试工具，如图 9.4 所示。

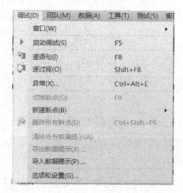

图 9.4 "调试"菜单

注意：大多数调试工具只能在调试模式下使用。

使用调试工具来调试程序，主要通过设置断点、逐语句跟踪、逐过程跟踪等手段，然后在调试窗口中显示所关注的信息，以便快速查找并排除程序中的错误。

（1）断点调试

当程序出错的具体位置不易确定时，常采用设置断点或跟踪等手段调试程序。可在调试模式或设计模式下设置或删除断点。

设置断点的方法：在代码窗口中选定怀疑存在问题的地方作为断点，单击该处代码行左侧的灰色区域（或右击鼠标并选择“插入断点”，或按 F9 键），对应语句的背景色变为棕色，同时语句左端出现棕红色圆点，如图 9.5 所示。一个程序中可同时设置若干个断点。

Public Class Form1
Private Sub Form1_Load(ByVal sender As System.Object, ByVal
Dim pi As Single, c, s As Integer
pi = 0
s = 1
's表示加或减运算
For c = 1 To 9999 Step 2
pi = pi + s / c
'交替改变加、减号
Next c
Debug.Print("π=" & pi * 4)
End Sub
End Class
设置的断点

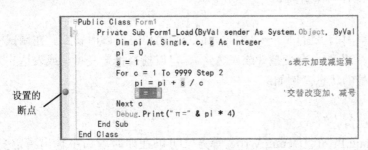

图 9.5　插入断点

程序运行到断点语句处将暂停（该条语句并未执行，以浅黄色背景标示），进入调试模式，此时可以查看所关注的变量、属性、表达式的当前值。若将鼠标停留在某变量上，浮动标签即显示该变量值。也可以执行“调试”菜单中的“窗口”→“局部变量”命令，系统弹出“局部变量”窗口，在窗口中显示出过程内执行到断点时的所有局部变量的值，如图 9.6 所示。

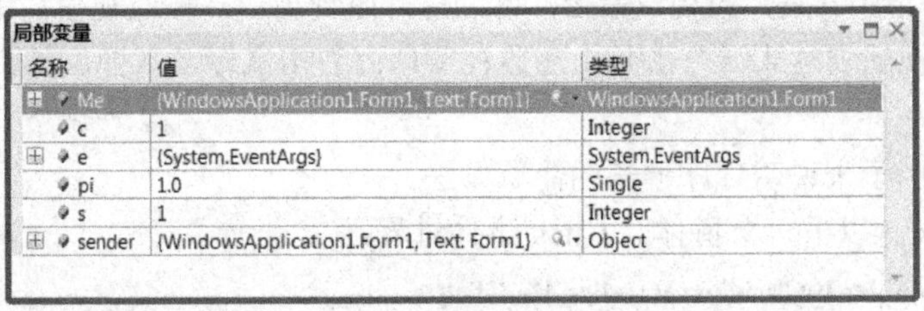

局部变量
名称
值
类型
Me
{WindowsApplication1.Form1, Text: Form1}
WindowsApplication1.Form1
c
1
Integer
e
{System.EventArgs}
System.EventArgs
pi
1.0
Single
s
1
Integer
sender
{WindowsApplication1.Form1, Text: Form1}
Object

图 9.6　局部变量窗口

单击工具栏上的“继续”按钮，可使程序从断点处继续执行，至下一个断点处再次暂停，通过连续观察程序运行过程中各变量的值，可以较方便地找出逻辑错误所在。

若要删除一个断点，只需再次单击棕红色圆点，断点标志即消失。

（2）逐语句调试

在调试模式下，执行“调试”菜单中的“逐语句”命令（或按 F8 键），系统将逐条语句执行程序，即执行一条语句后暂停，暂停处的语句用浅黄色背景标示（该条语句并未执行），此时同样可以用鼠标选择变量进行观察，或者执行“调试”菜单中的“窗口”→“局部变量”命令，在“局部变量”窗口中观察过程内所有局部变量的值。再次执行“调试”菜单中的“逐语句”命令（或按 F8 键），将执行下一条语句。

（3）逐过程调试

逐过程执行与逐语句执行类似，都是一次执行一条语句，差别在于当前语句如果是过程调用，

"逐语句"将跟踪到被调过程，而"逐过程"是把被调过程当作一个语句来看待。

"逐过程"方法用于测试本过程可能存在的错误，而略过所调用的过程（即假定其他过程都是正确的）。"逐语句"方法对于主调过程或被调过程，都是以逐条语句执行。

当用"逐语句"或"逐过程"方法执行被调过程时，如果发现该过程中的语句没有问题，可以单击"调试"菜单中的"跳出"命令，则系统将连续执行完该过程的其余语句部分，返回到调用该过程的下一条语句处中断执行。

4. 使用调试窗口

在调试程序时，经常要分析程序的运行结果，观察、分析变量（或属性）值发生了什么变化，为此 VB.NET 提供了多种调试窗口。

（1）即时窗口

执行"测试"菜单中的"窗口"→"即时"命令，可以打开即时窗口。在调试模式下，直接在该窗口中使用问号"?"和一个变量（或表达式），可以检查指定变量（或表达式）的值，以便检验程序执行到中断处的状态。例如：

   ? a

可以检查变量 a 的当前值。

程序中通过 Debug.Print、Debug.Write 等方法可以在即时窗口中输出指定变量或表达式的值。

（2）局部变量窗口

局部变量窗口用于显示当前过程中所有局部变量的值。

（3）监视窗口

利用监视窗口可以对用户定义的变量或表达式进行监视。在运行模式或调试模式下，执行"测试"菜单中的"窗口"→"监视"命令，可以打开监视窗口。在监视窗口中，可以添加、删除或重新编辑要监视的表达式，方法是：在监视窗口内右击鼠标，从弹出的快捷菜单中选择所需的功能。

以下通过两个例子来说明程序调试的简单方法。

【例 9.7】 假设有以下一个窗体的 Click 事件过程：

```
Private Sub Form1_Click(…) Handles Me.Click
    Dim a, b As Integer
    a = 8 / b
    MsgBox(a)
End Sub
```

运行时单击窗体，弹出一个出错提示框，提示发生"算术运算导致溢出"的错误，并进入调试模式。为了检查出错原因，可以在即时窗口中键入以下命令来检查变量 b 的值：

   ? b

显示结果为 0。由此可见，程序出错原因是除数为 0，除运算无意义。

【例 9.8】 计算 $t = 0.1 + 0.2 + 0.3 + \cdots + 0.9 + 1$，编写的程序代码如下：

```
Private Sub Form1_Load(…) Handles MyBase.Load
    Dim t, i As Single
    t = 0
    For i = 0.1 To 1 Step 0.1
```

```
        t = t + i
    Next i
    Debug.Print("总和： " & t)
End Sub
```

运行结果为：

总和：4.5

这不是正确的答案，正确结果应是 5.5。那么错误究竟是什么原因造成的呢？下面利用调试工具来查找，调试操作步骤如下：

（1）在代码窗口中设置断点。为了解循环次数及变量变化情况，可在语句 Next i 处设置断点。用鼠标单击该代码行左侧的灰色区域，此时显示如图 9.7 所示。

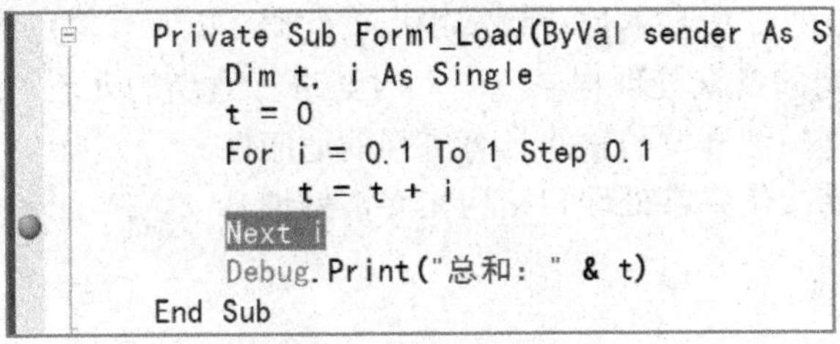

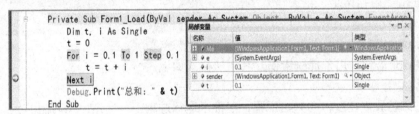

图 9.7　设置断点

（2）重新运行程序。程序在断点处暂停运行，进入调试模式。

（3）执行"调试"→"窗口"→"局部变量"菜单命令，利用局部变量窗口来监视过程中各变量的变化情况，如图 9.8 所示。此时循环变量 i 的值为 0.1。

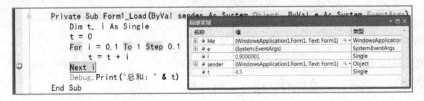

图 9.8　局部变量窗口

（4）单击工具栏上的"继续"按钮，进行断点调试。系统用浅黄颜色背景突出显示当前执行的代码行，并在代码行左侧空白处用黄色小箭头加以标识。

单步执行中，"局部变量"窗口会显示出过程中所用变量的当前值。

（5）连续单击"继续"按钮，使程序在 For 循环体再循环执行 7 次，此时局部变量窗口显示的变量值如图 9.9 所示。循环变量 i 的值为 0.9000001。

图 9.9　第 9 次循环后的情况

（6）再次单击"继续"按钮，从显示的执行点可知，程序不再继续循环，而是退出循环，去执行 Next i 的下一条语句 Debug.Print()。

经过上述跟踪检测，可以发现上述循环语句本来应该循环 10 次，这里却只循环 9 次。这是由于小数在机器内存储和处理会发生微小误差，当执行到第 9 次循环时，循环变量 i 的值为 0.9000001，再加上步长值 0.1 时，已经超过 1，往下就不再执行循环体了。所以实际上才循环 9 次，即只计算 0.1 + 0.2 + 0.3 + ⋯ + 0.9(=4.5)。

当步长值为小数时，为了防止丢失循环次数，在编写代码时可将终值适当增加，一般是加上步长值的一半，例如：

     For i=0.1 To 1.05 Step 0.1

调试程序往往比写程序更难。希望读者通过实践逐步摸索，掌握调试程序的方法及技巧。

9.2.3 异常处理简介

所谓异常处理是指在程序中插入捕获异常错误的代码，以监视特定的代码段，并在错误发生时将程序流程转移到特定的错误处理程序段中，对其进行适当的处理。这样,程序就能针对潜在的错误预先制定防范措施，使开发的软件具有更强的适应性。

异常处理可分为非结构化异常处理和结构化异常处理。

1. 非结构化异常处理

（1）Err 对象。

Err 对象是全局性的固有对象，用来保存最新的运行时错误信息，其属性由错误生成者设置。Err 对象的主要属性如下。

① Number 属性：用来保存错误码。例如，"数组下标越界"错误码为 9，"算术运算导致溢出"错误码为 6，"内存不足"错误码为 7 等。

② Source 属性：指明错误产生的对象或应用程序的名称。

③ Description 属性：用于记录简短的错误信息描述。

（2）On Error 语句：用于捕获错误。其语法格式如下。

     On Error 标号

通常，该语句放置在过程的开始位置。在程序运行过程中，当该语句后面的代码出错时，程序就会自动跳转到"标号"所指定的代码行去执行。标号所指示的代码行通常为错误处理程序段的开始行。

以下是一个使用错误处理的示例：

```
On Error GoTo ErrLine          '后面代码出错时转移至 ErrLine 处
    ...

ErrLine:                       '标号
    ...                        '错误处理
    Resume                     '返回语句
```

如果需要在过程执行中停止错误捕获，可以使用以下语句：

     On Error GoTo 0

执行该语句后，当前过程立即丧失错误捕获功能。

（3）Resume 语句：从错误处理程序段中退出。

当指定的错误处理完成后，应该控制程序返回到合适的位置继续执行。返回语句 Resume 有以下三种用法。

Resume [0]：程序返回出错语句处继续执行。

Resume Next：程序返回出错语句的下一条语句处继续执行。

Resume 标号：程序返回"标号"处继续执行。

【例 9.9】 使用 On Error…Resume 示例。主要针对"数组下标越界"错误的处理，代码如下：

```
Private Sub Form1_Click(…) Handles Me.Click
        On Error GoTo errln                  '以下代码出错时转移至 errln
        Dim d(5), k As Integer
        k = 6
        d(k) = 99
        MsgBox(d(k))
        Exit Sub
errln:
        Select Case Err.Number               '根据错误类型，进行不同处理
            Case 9                            '数组下标越界错误码为 9
                ReDim Preserve d(10)          '若是，则重新定义数组，保留原数据
                Resume                        '返回到原出错位置
            Case 6                            '算术运算导致溢出错误码为 6
                MsgBox(Err.Number)            '显示错误码
            Case Else                         '若其他错误，则显示相关信息
                MsgBox("错误发生在" & Err.Source & "，代码为" & _
                            Err.Number & "，即" & Err.Description)
        End Select
End Sub
```

由于语句"d(k)=99"导致"数组下标越界"，错误被捕获后，程序跳转到 errln 行的错误处理程序段。在错误处理程序段中，先判断错误码，若是 9（即"数组下标越界"的错误），则重新定义数组（保留原数据），然后再返回出错语句处继续执行。

代码运行后，在消息框中显示：99。

2. 结构化异常处理

VB.NET 提供 Try…Catch…Finally 结构来实现结构化异常处理，语法格式如下：

```
Try
    …                                       '可能引发错误的代码段
Catch 选择块
    …                                       '处理该类错误
[Finally
    …   ]                                   '善后处理
End Try
```

说明：

（1）"Catch 选择块"常用的子句是：Catch ex As ExceptionType。

其中，ExceptionType 指定要捕获错误的类型，例如，"数组下标越界"的错误类型为 IndexOutOfRangeException，"算术运算导致溢出"的错误类型为 ArithmeticException 等。ex 用来

存放发生错误的信息。

（2）在本结构内部，允许使用"Exit Try"来退出结构。

（3）如果有 Finally 块，则不管错误是否发生，甚至在使用了"Exit Try"的情况下，总要执行 Finally 块。

该控制结构的作用是，当被监视的代码段在执行时发生错误，系统将按顺序检查 Catch 选择块内的每个 Catch 语句，若找到条件与错误匹配的 Catch 语句，则执行该语句块内的错误处理代码，再执行 Finally 后面的代码。

【例 9.10】 使用 Try…Case…Finally 结构示例。类似例 9.9,主要针对"数组下标越界"错误的处理，代码如下：

```
Private Sub Form1_Click(…) Handles Me.Click
        Dim d(5), k As Integer
        Try
            k = 6
            d(k) = 0
        Catch ex As IndexOutOfRangeException        '数组下标越界异常
            ReDim Preserve d(10)                     '若是，则重新定义数组，保留原数据
        Catch ex As ArithmeticException              '算术运算导致溢出
            MsgBox(err.Message)                      '显示错误信息
        Catch ex As Exception                        '普通错误，即其他没有考虑到的错误
            MsgBox(err.Message)
        Finally
            d(k) = 99
            MsgBox(d(k))
        End Try
    End Sub
```

执行该事件过程后，在消息框中显示：99。

习题 9

一、单选题

1. 下列关于顺序文件的叙述中，错误的是_____。
   A）记录是按写入的先后顺序存放的，读出时也是按原先写入的顺序进行
   B）每条记录的长度必须相同
   C）不能通过编程方式随机地修改文件中某条记录
   D）数据是以文本格式（ASCII 码）存放在顺序文件中的，所以可通过 Windows 的"记事本"进行编辑

2. 下列关于随机文件的叙述中，错误的是_____。
   A）每条记录的长度必须相同
   B）打开文件后，既可以读，也可以写
   C）可按记录号随机地访问各条记录

D）文件中的数据可用 Windows 的"记事本"显示出来

3．如果在"D:\VB"文件夹下已存在顺序文件 Myfile1.txt，那么执行语句

    FileOpen(1, "D:\VB\Myfile1.txt", OpenMode.Output)

之后将_____。

    A）删除文件中原有内容

    B）保留文件中原有内容，可在文件尾添加新内容

    C）保留文件中原有内容，可在文件头开始添加新内容

    D）可在文件头开始读取数据

4．执行以下程序段后，可以在"D:\VB"文件夹下生成一个顺序文件 Myfile2.txt。

```
Dim k As Integer
FileOpen(1, "D:\VB\Myfile2.txt", OpenMode.Output)
For k = 1 To 5
    If k < 4 Then Write(1, k)
Next k
FileClose(1)
```

当采用 Windows 的"记事本"软件来打开该文件时，显示的结果是_____。

（通过上机操作来取得答案。）

    A）1,2,3,   B）1,1,2,   C）2,3,4,   D）2,3,3,

5．打开第 4 题生成的顺序文件 Myfile2.txt，读取文件中的所有数据，并将数据显示在即时窗口上。完善下列程序段。

```
Dim x As Integer, f As String
f = "D:\VB\Myfile2"
FileOpen(1, ____(1)____ , OpenMode.Input)
Do While ____(2)____
    Input(1, x)
    Debug.Print(x)
Loop
FileClose(1)
```

（1）A）"f.txt"   B）"f" & ".txt"   C）f.txt   D）f & ".txt"

（2）A）True   B）False   C）EOF(1)   D）Not EOF(1)

6．建立一个随机文件时，使用_____来组织记录，使每一条记录由若干个数据项组成。

    A）结构类型   B）数组   C）字符串类型   D）对象类型

7．随机文件中的所有记录都是定长的，下列_____语句可以在结构类型中定义定长的字符串 addr。

    A）Dim addr As String

    B）<VBFixedString(30)> Dim addr As String

    C）Dim addr(30) As String

    D）Dim addr As String*30

8．调试程序的工作重点是_____。

    A）证明程序的正确性   B）优化程序结构

    C）检查和纠正程序错误   D）提高运行效率

9．下列叙述中，错误的是_____。

    A）在代码窗口中输入程序代码时，系统会自动进行语法检查

B）在调试模式下系统会保留程序中所有变量的当前值

C）在运行模式下不能修改程序

D）从运行模式转入调试模式都是由编程人员事先设定好的

10．在调试程序中，要跟踪检查某个表达式的值，可在_____中进行。

A）即时窗口　　　　B）局部变量窗口　　　　C）监视窗口　　　　D）代码窗口

二、填空题

1．建立一个顺序文件 D:\VB\Myfile3.txt，其内容来自文本框 TextBox1，每按一次回车键写入一条记录，直到文本框内输入字符串"end"。完善下列程序代码。

```
Private Sub Form1_Load(…) Handles MyBase.Load
    FileOpen(1, "D:\VB\Myfile3.txt", OpenMode.Output)
End Sub
Private Sub TextBox1_KeyPress(…) Handles TextBox1.KeyPress
    Dim s As String
    If e.KeyChar = Chr(13) Then                'Chr(13)表示回车键符
        s = Trim(TextBox1.Text)
        If ___(1)___ Then
            FileClose(1)
            End
        Else
            ___(2)___
            TextBox1.Text = ""
        End If
    End If
End Sub
```

2．顺序文件合并。已知两个顺序文件 D:\VB\txt1.txt 和 D:\VB\txt2.txt 的记录总数目相同，并都是通过 Write 函数写入，现要求将相应的记录内容合并，写入第 3 个顺序文件 txt3.txt 中。

```
Dim s1, s2, s As String
FileOpen(1, "D:\VB\txt1.txt", OpenMode.Input)
FileOpen(2, "D:\VB\txt2.txt", OpenMode.Input)
FileOpen(3, "D:\VB\txt3.txt", ___(3)___)
Do While Not EOF(1)
    Input(1, s1)
    Input(2, s2)
    s = s1 & s2
    ___(4)___
Loop
___(5)___
```

3．随机文件的修改。已知随机文件 D:\VB\stu1.dat 中有若干条记录，每条记录包含学号和成绩两个数据项，要求对每条记录中的成绩进行检查，需要时可以修改数据。

```
Structure stu1
    <VBFixedString(6)> Dim xh As String
    Dim cj As Short
End Structure
Dim st As stu1
Private Sub Form1_Click(…) Handles Me.Click
    Dim k As Integer
    FileOpen(1, "D:\VB\stu1.dat", OpenMode.Random, , , ___(6)___)
    For k = 1 To ___(7)___
        FileGet(1, st, k)
        st.cj = Val(InputBox("学号" & st.xh & "原成绩" & st.cj, "修改成绩", st.cj))
        ___(8)___
    Next k
    FileClose(1)
    MsgBox("修改完毕！")
End Sub
```

4．在调试模式下，___(9)___窗口能够显示当前过程中所有局部变量的值。

5．在调试模式下，用户想临时检查某一个表达式的值，应在___(10)___窗口中进行。

上机练习 9

1．读取"记事本"文本文件。先使用"记事本"程序创建一个文本文件"静夜思.txt"，如图 9.10 所示，再编写程序读取和显示该文本文件中的内容，如图 9.11 所示。

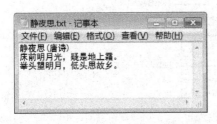

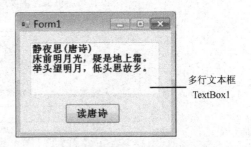

图 9.10　用"记事本"创建的文本文件　　　图 9.11　读取和显示"静夜思"

2．在窗体上建立两个列表框和 4 个命令按钮，如图 9.12 所示。单击"产生随机数"按钮时，产生 20 个 1～99 的随机整数，并显示在"原始数据"列表框中；单击"保存"按钮时，把这 20 个随机整数存放在顺序文件 Myfile4.txt 中；单击"读出"按钮时，则从该顺序文件中取出所有数据，并显示在"文件中数据"列表框中；单击"结束"按钮时，则结束程序的运行。

3．模仿例 9.4 创建一个有 10 条记录的随机文件，每条记录有 2 个数据项，分别存放 1 个 1 位数和 1 个 3 位数，都是由随机函数产生。程序先写入数据，然后读出数据，并求每条记录中 2 个数值之积，以及累计这些积数的总和，最后在消息框中显示总和数。

图 9.12 第 2 题的设计界面

4. 编写一个简单程序，获取系统的"未能找到文件"错误码（即 Err 对象的 Number 属性值）。

提示：模仿例 9.9 编写代码，试图打开一个不存在的数据文件，制造一个文件不存在的错误，然后在错误处理程序段中捕获此次的错误码（Err.Number）及错误信息描述（Err.Description）。

5. 按照以下给出的用户界面和程序代码，创建一个用于检查各章"上机练习"题完成情况的程序。假设各章"上机练习"题程序存放在路径为"D:\VB\第 x 章"的文件夹下。

（1）参照图 9.13 设计界面。运行中，当用户指定章号和题号后单击"检查"按钮，程序将查找是否存在指定的"上机练习"题程序文件夹，据此显示"程序已存在！"或"程序不存在！"。如果"上机练习"题程序存在，则通过消息框提问"是否要运行测试该程序？"，若用户回答"是"，则运行该"上机练习"题程序。退出"上机练习"题程序后又返回到本题程序。

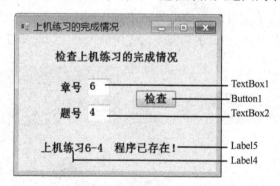

图 9.13 第 5 题的运行界面

（2）实现的方法：①判断某一文件夹是否存在，可以使用 System.IO.Directory.Exists 方法。例如，要判断文件夹"D:\VB\第 6 章\上机练习 6-4"是否存在，可以使用如下方法（存在时值为 True）：

System.IO.Directory.Exists("D:\VB\第 6 章\上机练习 6-4")

② 调用系统的 Shell 方法可以执行 Windows 应用程序。例如，要打开 Windows 的计算器，可以使用：

Shell("C:\Windows\system32\calc.exe",1)

（3）编写的程序代码如下。

```
Private Sub Button1_Click(…) Handles Button1.Click          '检查
    Dim c, t, pnam, pdir, pexe As String, y As Short
```

```
        c = Trim(TextBox1.Text)                           '章号
        t = Trim(TextBox2.Text)                           '题号
        pnam = "上机练习" & c & "-" & t                    '上机练习题名
        Label4.Text = pnam
        pdir = "D:\VB\第" & c & "章\" & pnam               '上机练习题程序文件夹名
        If Not System.IO.Directory.Exists(pdir) Then      '判断是否存在该程序文件夹
            Label5.Text = "程序不存在！"
            Exit Sub
        End If
        Label5.Text = "程序已存在！"
        y = MsgBox("是否要运行测试该程序？", 4 + 32 + 0, "请确认")
        If y <> 6 Then                                    '按下"是"按钮返回值为 6
            Exit Sub
        End If
        pexe = pdir & "\bin\Debug\" & pnam & ".exe"       '.exe 文件的路径及文件名
        Try                                               '结构化异常处理
            Shell(pexe, 1)                                '调用系统方法 Shell 来执行.exe 程序文件
        Catch                                             '出错时，进入此分支
            Label5.Text = "程序运行失败！！"
        Finally                                           '不做其他处理
        End Try
    End Sub
```

6. 按照以下给出的用户界面和程序代码，创建一个英文打字训练的程序。

（1）参照图 9.14 设计用户界面。

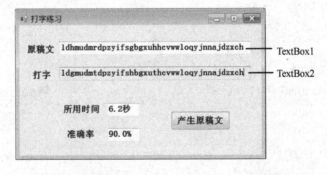

图 9.14　英文打字训练

（2）程序功能如下。

① 单击"产生原稿文"按钮时，随机产生 40 个小写字母的原稿文，显示在"原稿文"文本框 TextBox1 中。

② 在"打字"文本框 TextBox2 中第 1 次按键时，开始计时。

③ 用户在"打字"文本框中按"原稿文"输入相应的字母，在打字过程中，"所用时间"文本框实时显示用户当前所用的时间。

④ 当键入 40 个字母时结束计时，显示打字"准确率"。

（3）按以下清单编写程序代码。

```
Dim t As Single, f As Integer                              '声明模块级变量
Private Sub TextBox2_KeyUp(…) Handles TextBox2.KeyUp       'KeyUp 为释放按键事件
    Dim c, k As Integer
    If f = 0 Then                                          '开始打字
        t = DateAndTime.Timer         '记下开始打字的时间，右边函数的作用见下面说明
        f = 1                                              '1 表示已进入打字状态
    End If
    If Len(TextBox2.Text) < 40 Then
        TextBox3.Text = Format(DateAndTime.Timer - t, "###.0") & "秒"
                                                           '显示打字所用时间
    Else
        c = 0
        For k = 1 To 40                                    '统计录入正确的字母个数
            If Mid(TextBox1.Text, k, 1) = Mid(TextBox2.Text, k, 1) Then
                c = c + 1
            End If
        Next k
        TextBox2.ReadOnly = True                           '禁止录入
        TextBox4.Text = Format(c / 40, "###.0%")           '显示准确率
    End If
End Sub
Private Sub Button1_Click(…) Handles Button1.Click         '产生原稿文
    Dim k As Integer, x, s As String
    Randomize()
    s = ""
    For k = 1 To 40
        x = Chr(Int(Rnd() * 26) + 97)                      '随机产生小写字母
        s = s + x
    Next k
    TextBox1.Text = s                                      '显示在文本框中
    TextBox2.Text = ""
    TextBox2.ReadOnly = False                              '允许录入
    TextBox2.Focus()                                       '设置焦点
    TextBox3.Text = ""
    TextBox4.Text = ""
    f = 0                                                  '按键标记，0 表示未开始打字
End Sub
```

说明：①KeyUp 为释放按键事件，见第 10 章的 10.1.1 节；②系统函数 DateAndTime.Timer 返回系统时间从午夜开始累计的总秒数。秒数为整数部分，毫秒数则为小数部分。

（4）保存程序后，对程序进行测试。

（5）回答下列两个问题：

① 如果要求随机产生的是 40 个大写字母的原稿文，代码应该如何修改？

② 如果打字时可以不区分大小写，即用户采用大写录入或小写录入都算正确，应该如何修改程序代码？

第 10 章　其他常用控件

Windows 应用程序的用户界面有许多共同的特点，它们都包括一些基本元素，如菜单、工具栏、对话框等。本章将介绍这些基本元素的设计方法，以及分组框和图片框的使用。

10.1　键盘事件与鼠标事件

VB.NET 提供了多种键盘事件和鼠标事件。利用键盘事件，可以响应键盘的操作，解释和处理 ASCII 字符。利用鼠标事件，可以跟踪鼠标的操作，判断按下的是哪个鼠标键等。

10.1.1　键盘事件

常用的键盘事件有三个，即 KeyPress、KeyDown 和 KeyUp 事件。这些事件可用于窗体和其他可接收键盘输入的控件。

1．KeyPress 事件

当按下键盘上的大多数按键时，将触发 KeyPress 事件。KeyPress 事件过程的格式及应用已在 2.3.4 节中介绍过。

KeyPress 事件过程的 e 参数提供如下两个常用属性。

e.KeyChar 属性：返回按键的字符。

e.Handled 属性：表示本次按键是否被处理过。若为 True，则表示按键已经被处理过，系统不再对它进行处理，即这次按键被取消。

该事件只能处理与 ASCII 字符相关的键盘操作。并不是所有按键都会触发 KeyPress 事件，对于方向键（↑、↓、→、←）等不会产生 ASCII 码的按键，不会发生 KeyPress 事件。

【例 10.1】　如图 10.1 所示，在窗体上添加 1 个文本框和 1 个标签，当在文本框中键入某一个字符时，在标签中显示该字符及其 ASCII 码。

图 10.1　例 10.1 的运行界面

程序代码如下：

```
Private Sub TextBox1_KeyPress(ByVal sender As Object, _
                ByVal e As KeyPressEventArgs) Handles TextBox1.KeyPress
    Dim kasc As Integer
    kasc = Asc(e.KeyChar)
```

```
        TextBox1.Text = ""
        Label1.Text = e.KeyChar & "的 ASCII 码是： " & kasc
    End Sub
```

通过本程序，读者也可以验证本书附录 A（字符 ASCII 码表）中字符所对应的 ASCII 码。

【例 10.2】 编一程序段，使得文本框 TextBox1（多行）中限定只能输入英文字母（含大、小写）及逗号，只能接收回车键及 BackSpace 键。

程序代码如下：

```
Private Sub TextBox1_KeyPress(ByVal sender As Object, _
                        ByVal e As KeyPressEventArgs) Handles TextBox1.KeyPress
    Dim kasc As Integer
    kasc = Asc(e.KeyChar)
    Select Case kasc
        Case 65 To 90, 97 To 122, 44, 8, 13        '有效字符，可以继续输入
        Case Else
            e.Handled = True                       '去除无效字符，重新输入
    End Select
End Sub
```

本程序段可以作为英文字母串的输入及无效字符的过滤。同样道理，也可以编写数字字符串的输入判断程序段。

2. KeyDown(按下键)和 KeyUp(释放键)事件

按下键时触发 KeyDown 事件，释放(放开)键时则触发 KeyUp 事件。其事件过程的语法格式如下（以 KeyUp 为例）：

Private Sub 对象_KeyUp(ByVal sender As Object, ByVal e As KeyEventArgs) Handles 对象.KeyUp

其中，参数 e 包含了用户的按键信息，以及 Shift、Ctrl 及 Alt 键的状态。

- e.KeyCode 表示了用户所按下的物理键，不管键盘处于小写字符还是大写字符状态，它们的 e.KeyCode 值是相同的。例如按下字符 "A" 或 "a" 时 e.KeyCode 的值均为 65。
- e.Shift、e.Ctrl 及 e.Alt 分别指示 Shift、Ctrl 和 Alt 三个控制键是否被按下。例如，当按下 Shift 时，e.Shift 的值为 True。

10.1.2 鼠标事件

除 Click 和 DoubleClick 事件外，常用的鼠标事件还有 MouseUp、MouseDown 和 MouseMove。

与 Click、DoubleClick 事件不同的是，上述三种鼠标事件可以区分鼠标的左、右、中键与 Shift、Ctrl、Alt 键，并可识别和响应各种鼠标状态，其事件过程的语法格式为（以 MouseDown 为例）：

**Private Sub 对象_MouseDown(ByVal sender As Object, ByVal e As_
                        MouseEventArgs) Handles 对象.MouseDown**

其中，e 是一个对象，有不少属性。

（1）e.Button 表示按下或释放了哪个鼠标按钮，取值及其含意说明如下。

- MouseButtons.Left：按下鼠标左键。

- MouseButtons.Right：按下鼠标右键。
- MouseButtons.Middle：按下鼠标中键。
- MouseButtons.None：没有按下鼠标键。

（2）e.X、e.Y 表示当前鼠标指针的位置。

【例 10.3】 下列 MouseDown 事件过程实现命令按钮位置的移动。当单击鼠标左键时将按钮的位置移动到鼠标指针的位置，单击鼠标其他键（如右键）时把按钮的位置移动到窗体的左上角 (0, 0)。事件过程代码如下：

```
Private Sub Form1_MouseDown(ByVal sender As Object, ByVal e As _
                   MouseEventArgs) Handles Me.MouseDown
    If e.Button = MouseButtons.Left Then
        Button1.Left = e.X
        Button1.Top = e.Y
    Else
        Button1.Left = 0
        Button1.Top = 0
    End If
End Sub
```

10.2 菜单

菜单对我们来说是非常熟悉的，在各种 Windows 应用程序中常常用到它。应用程序通过菜单为用户提供一组命令。从应用的角度看，菜单一般分为两种：下拉式菜单和弹出式菜单。

10.2.1 下拉式菜单

1. 下拉式菜单的结构

在 VB.NET 集成开发环境中，单击"文件"菜单所显示的就是下拉式菜单，其结构如图 10.2 所示。在这种菜单系统中，一般有一个主菜单（也称顶层菜单），称为菜单栏，其中包括若干个菜单项（也称为主菜单标题，例如"文件"、"编辑"）。每一个主菜单项可以下拉出下一级菜单，称为子菜单。子菜单中的菜单项有的可以直接执行，称为菜单命令（例如"新建项目(P)"、"新建网站(W)"）；有的菜单项又可以再下拉出下一级菜单，称为子菜单标题（例如"添加(D)"）。子菜单可以逐级下拉。

图 10.2　下拉式菜单

菜单中包含的界面元素有：菜单项，快捷键（如 Ctrl+N 组合键），访问键（菜单项中带圆括号的字母，如新建项目(P)、打开文件(O)等），分隔符（用于子菜单分组显示），子菜单提示符（小三角符）、复选标记（√）等。

2. 下拉式菜单的设计步骤

VB.NET 提供了 MenuStrip 控件，可以用来设计下拉式菜单。

（1）在窗体上创建 MenuStrip 控件

单击工具箱中的 MenuStrip 控件，将其拖放到窗体中，所添加的控件会显示在窗体下方的专用面板中（MenuStrip 是不可见控件），同时窗体标题栏的下方会出现一个"请在此处键入"文本框，这是可视化的下拉式菜单编辑器，如图 10.3 所示。

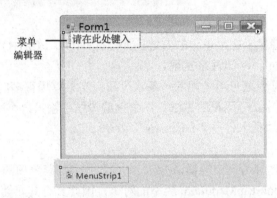

图 10.3　添加到窗体上的 MenuStrip 控件

（2）在 MenuStrip 控件上添加菜单项

① 输入菜单标题。将光标定位在第一个菜单编辑框中，输入一个主菜单标题（如"文件"），这时还会同时在该主菜单标题的右侧和下面各显示一个菜单编辑框，可供用户输入子菜单标题或另一个主菜单标题，如图 10.4 所示。

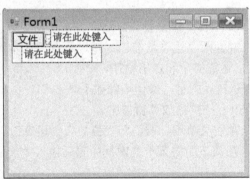

图 10.4　输入第一个主菜单标题

继续在"文件"下面的菜单编辑框中输入"新建"、"打开"、"保存"、"退出"4 个菜单项，在"文件"右侧的菜单编辑框中输入"编辑"、"帮助"两个菜单项，如图 10.5 所示。

② 定义访问键。如果要通过键盘直接选择菜单项，则需要为菜单项定义快捷键或访问键。例如，如图 10.2 所示的下拉式菜单中，按 Ctrl+N 组合键（快捷键）可选择"新建项目"菜单项；打开菜单后直接按 P 键（访问键），也可以选择"新建项目"菜单项。

要使某个键符成为该菜单项的访问键，可以用"(&字符)"的格式。例如，要为子菜单

项"新建"定义访问键 N，则可以在输入菜单标题的后面加上"(&N)"，此时编辑框显示为
"新建(<u>N</u>)"。

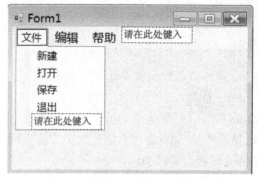

图 10.5　创建一个简单的菜单栏

③ 定义快捷键。快捷键显示在菜单项的右边，如"打开(<u>O</u>)　　Ctrl+O"。为菜单项指定快捷
键需要通过菜单项的 ShortcutKeys 属性来实现。

④ 建立分隔符：分隔符为菜单项之间的一条水平线，当菜单项很多时，可以使用分隔符将
菜单项划分成若干逻辑组。建立分隔符的方法：在菜单编辑框中输入一个减号"-"；或右击菜单
编辑框，在快捷菜单中选择"插入"→"Separator"命令。

（3）菜单项的主要属性

菜单控件 MenuStrip 可理解为一个容器，它是一个包含若干个菜单项的 ToolStripMenuItem 对
象集。每个菜单项是一个 ToolStripMenuItem 类型的对象，因此具有其属性、事件和方法。

① Text 属性：设置菜单项的标题文本。还可以通过本属性定义访问键和插入分隔符。

② ShortcutKeys 属性：设置菜单项的快捷键，如 Ctrl+N、Ctrl+S 等。注意，不能给顶层菜
单项设置快捷键。

③ Checked 属性：设置菜单项左边有无复选标记"√"，若为 True，则有标记"√"，否则
没有。对于具有开关状态的菜单项，可以使用该属性在两种状态之间切换。

（4）菜单项的事件

菜单项的主要事件是 Click 事件。菜单设计好后，通常还要为每个菜单项编写事件过程。

【例 10.4】　编写程序，进行两个运算数的加、减运算练习。本例通过菜单栏向用户提供功
能选择，包括运算数的位数，运算类型和退出程序。

（1）要创建的菜单栏如图 10.6 所示，操作步骤如下。

① 从工具箱中将 MenuStrip 控件拖放到窗体中。

② 通过菜单编辑框输入顶层菜单项标题，即"位数"、"运算"、"退出"3 项菜单项。

③ 选中"位数"菜单，在其下面的菜单编辑框中先后输入"一位数"、"两位数"两个子菜
单项标题，如图 10.6 所示。

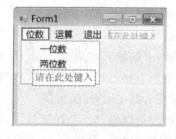

图 10.6　例 10.4 的菜单栏

④ 输入"运算"的 2 个子菜单项标题"加法"和"减法"。"退出"没有子菜单。

⑤ 各个菜单项命名为：位数(mn10)，一位数(mn11)，两位数(mn12)，运算(mn20)，加法(mn21)，减法(mn22)，退出(mn30)。

（2）如图 10.7 所示在窗体上添加其他控件。

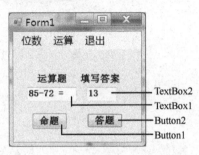

图 10.7 例 10.4 的运行效果

（3）编写程序代码。

分析：用户从"位数"菜单中选择操作数的位数（一位数或两位数），从"运算"菜单中选择一种运算（加法或减法），单击"命题"按钮后，程序将通过随机函数产生指定位数的两个运算数，并按指定运算要求组成一个算式，显示在"运算题"文本框（TextBox1）中，供用户练习。用户在"填写答案"文本框（TextBox2）中输入答案，当单击"答题"按钮时，程序将判断答案是否正确，然后通过消息框显示出"回答正确"或"回答错误"。

程序代码如下：

```
Dim sel1 As Integer = 0, sel2 As String = ""              '模块级变量
Dim r1 As Long
Private Sub mn11_Click(…) Handles mn11.Click              '一位数
    sel1 = 1                                              '设置位数标记
End Sub
Private Sub mn12_Click(…) Handles mn12.Click              '两位数
    sel1 = 10
End Sub
Private Sub mn21_Click(…) Handles mn21.Click              '加法
    sel2 = "+"                                            '设置运算标记
End Sub
Private Sub mn22_Click(…) Handles mn22.Click              '减法
    sel2 = "-"
End Sub
Private Sub Button1_Click(…) Handles Button1.Click        '命题
    Dim a, b As Integer
    Randomize()
    If sel1 = 0 Or sel2 = "" Then
        MsgBox("先选择运算数的位数和运算类型")
        Exit Sub
    End If
```

```
        a = sel1 + Int(9 * sel1 * Rnd())                    '根据指定位数，随机产生运算数
        b = sel1 + Int(9 * sel1 * Rnd())
        TextBox1.Text = a & sel2 & b & " = "                '根据运算数及运算类型组成算式
        Select Case sel2                                    '根据运算类型，求运算结果 r1
            Case "+"
                r1 = a + b
            Case "-"
                r1 = a - b
        End Select
        TextBox2.Text = ""
        TextBox2.Focus()
    End Sub
    Private Sub Button2_Click(…) Handles Button2.Click       '答题
        Dim r2 As Long
        r2 = Val(TextBox2.Text)                             '读取用户输入的答案
        If r1 = r2 Then                                      '判断答案
            MsgBox("回答正确！")
        Else
            MsgBox("回答错误！")
        End If
    End Sub
    Private Sub mn30_Click(…) Handles mn30.Click             '退出
        End
    End Sub
```

10.2.2 弹出式菜单

弹出式菜单又称为快捷菜单，是右击鼠标时弹出的菜单。它能以灵活的方式为用户提供方便快捷的操作。

使用 ContextMenuStrip 控件可以设计弹出式菜单，其设计方法与下拉式菜单基本相同。

下面通过一个实例来说明创建弹出式菜单的方法。

【例 10.5】 在例 10.4 的基础上，为文本框 TextBox1 设计快捷菜单，实现对文本框内的文本颜色进行控制。

（1）打开例 10.4 的应用程序，单击工具箱中的 ContextMenuStrip 控件，将其拖放到窗体中，所添加的控件会显示在窗体下方的专用面板中（ContextMenuStrip 是不可见控件），使用默认名称 ContextMenuStrip1。

（2）在菜单编辑器中输入快捷菜单项标题，如图 10.8 所示。

为各快捷菜单项命名：红色(mn41)，绿色(mn42)，蓝色(mn43)。

（3）建立文本框 TextBox1 与快捷菜单之间的关联。方法是：在文本框 TextBox1 的属性窗口中设置其 ContextMenuStrip 属性为 ContextMenuStrip1。

（4）在原有程序代码基础上，编写各快捷菜单项的 Click 事件过程，代码如下：

图 10.8　设计文本框的快捷菜单

Private Sub mn41_Click(…) Handles mn41.Click　　　　　'红色

　　TextBox1.ForeColor = Color.Red

End Sub

Private Sub mn42_Click(…) Handles mn42.Click　　　　　'绿色

　　TextBox1.ForeColor = Color.Green

End Sub

Private Sub mn43_Click(…) Handles mn43.Click　　　　　'蓝色

　　TextBox1.ForeColor = Color.Blue

End Sub

　　程序运行后，右击文本框 TextBox1，会打开如图 10.9 所示的弹出式菜单，用户可以从中选择所需的颜色。

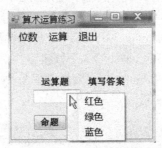

图 10.9　弹出式菜单

10.3　工具栏

　　在 Windows 应用程序中，普遍使用了工具栏。工具栏可以使用户不必在一级级的菜单中去搜索需要的命令，为用户带来比用菜单更为快速的操作，在 VB.NET 应用程序的窗体中添加工具栏，可以通过 ToolStrip 控件来实现。

　　创建工具栏的大致步骤：

　　① 在窗体上添加 ToolStrip 控件。

　　② 在 ToolStrip 控件中添加所需的按钮，设置 Image 等相关属性。

　　③ 编写工具栏的各个按钮的 Click 事件过程。

【例 10.6】　在例 10.4 的基础上，增加一个工具栏，使之能快速提供"两位数"的位数和"加法"运算类型（假设"两位数"及"加法"是常用命令）。操作步骤如下。

（1）打开例 10.4 的应用程序。

（2）添加 ToolStrip 控件。方法是：单击工具箱中的 ToolStrip 控件，将其拖放到窗体中，所添加的控件会显示在窗体下方的专用面板中（ToolStrip 是不可见控件），使用默认名称 ToolStrip1。此时在窗体菜单栏的下方会出现一个空白的工具栏，包含一个带下拉箭头的按钮，如图 10.10 所示。

图 10.10　添加在窗体上的 ToolStrip1 控件

（3）创建图标按钮。单击新建工具栏的下拉箭头按钮，从下拉列表中选择需要添加到工具栏的对象，本例选择"Button"，即向工具栏添加一个命令图标按钮。选定该按钮，在属性窗口中设置该对象的如下属性：

- 将 Name 属性由默认的 ToolStripButton1 改为 but1。
- 将 Text 属性由默认的 ToolStripButton1 改为"两位数"。
- 单击 Image 属性值右侧的省略号按钮，打开"选择资源"对话框，单击"本地资源"，然后通过"导入"选择图片文件，例如，选择 two.png 作为按钮的图形。
- 将 DisplayStyle 属性由默认的 Image 改为 ImageAndText，使图像和文本都能一起显示出来。
- 将 TextImageRelation 设置为 ImageAboveText，使图像位于文本的上方。

设计完第 1 个按钮后，接着就可以设计第 2 个按钮。

第 2 个按钮的 Name 属性设置为 but2，Text 属性设置为"加法"，"导入"图片文件为 add.png。设置完毕的工具栏如图 10.11 所示。

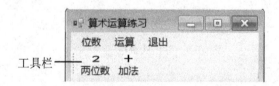

图 10.11　在工具栏中添加 2 个图形按钮

（4）在原有程序代码的基础上，需要增加两个按钮事件过程 but1_Click 和 but2_Click，由于这两个按钮完成的是相关菜单项功能，其事件过程中使用的代码与上述相关菜单项的代码相同。为了避免程序代码的重复，可以采用 VB.NET 的多个控件共享事件过程的方式，方法是：在原有程序代码 mn12_Click 事件过程的 Handles 后面添加 but1.Click，在 mn21_Click 事件过程的 Handles 后面添加 but2.Click，即：

```
Private Sub mn12_Click(···) Handles mn12.Click, but1.Click          '两位数
    sel1 = 10                                                        '设置为两位数
End Sub
```

```
Private Sub mn21_Click(…) Handles mn21.Click, but2.Click        '加法
    sel2 = "+"                                                 '设置为加法
End Sub
```

这样就可以不必再另外增加 but1_Click 和 but2_Click 两个事件过程，而是使用一个事件过程同时响应两个控件的事件。

10.4 通用对话框

对话框是 Windows 应用程序与用户交互的主要途径。使用 VB.NET 提供的通用对话框控件，可以创建 Windows 风格的标准对话框，如打开文件对话框、保存文件对话框、字体对话框、颜色对话框等。

当用户把所需的通用对话框控件拖放到窗体上时，对话框以图标的形式显示在窗体下方的专用面板上，通过单击图标可以选定，并在属性窗口中进行属性设置。

在程序运行时，当需要弹出对话框时，通常使用 ShowDialog 方法来显示对话框。例如，要显示对话框控件 OpenFileDialog1 可以使用 OpenFileDialog1.ShowDialog。

1. 打开文件对话框

打开文件对话框是通过 OpenFileDialog 控件来实现的。其主要属性有：

① FileName 属性：表示对话框中用户选定的路径和文件名。

② Title 属性：表示对话框的标题。默认的标题名为"打开"。

③ Filter 属性：Filter 称为过滤器，它指定文件对话框的文件类型列表框中所显示的文件类型。格式为：

    描述符 | 类型通配符

若需要设置多项过滤器时，应采用管道符"|"分隔。

例如，下列语句将在对话框的文件类型列表框中显示 Word 文档文件和 Excel 工作簿文件：

    OpenFileDialog1.Filter="Word 文档(*.docx)|*.docx|Excel 工作簿(*.xlsx)|*.xlsx"

④ FilterIndex 属性：该属性为整型数，表示在文件对话框中当前选定过滤器的索引。默认值为 1，表示选定第 1 项过滤器。

⑤ InitialDirectory 属性：指定初始的文件目录。默认时显示当前文件夹。

【例 10.7】 如图 10.12 所示，在窗体上添加 1 个"打开文件"按钮和 1 个打开文件对话框控件，当单击该按钮时，将弹出一个"打开文件"对话框。

（1）从工具箱中将 OpenFileDialog 控件拖放到窗体中，其默认名为 OpenFileDialog1。

（2）编写"打开文件"按钮 Button1 的 Click 事件过程。

```
Private Sub Button1_Click(…) Handles Button1.Click                '打开文件
    OpenFileDialog1.Title = "打开文件"                            '设置对话框的标题
    OpenFileDialog1.Filter = "全部文件|*.*|文本文件|*.txt"        '设置文件过滤器，共两项
    OpenFileDialog1.InitialDirectory = "D:\VB"                   '设置默认文件夹
    OpenFileDialog1.ShowDialog()                                 '显示打开对话框
End Sub
```

程序运行后，当用户单击"打开文件"按钮，系统将弹出如图 10.13 所示的对话框。当用户选定了文件后单击"打开"按钮，则可以从 OpenFileDialog1 控件的 FileName 属性中获取选定的

路径及文件名。该对话框只为用户提供了一个用于选择文件的界面，并不能真正打开文件，打开文件的具体处理工作只能由用户编程完成。

图 10.12　例 10.7 的设计界面

图 10.13　弹出的打开文件对话框

2. 另存为文件对话框

另存为文件对话框是通过 SaveFileDialog 控件来实现的，它供用户输入所要保存的文件名以及选择文件保存的位置。与打开文件对话框一样，它并不能提供真正的保存文件操作，保存文件的操作需要编程来完成。

SaveFileDialog 控件的属性与 OpenFileDialog 控件基本相同，其特有的是 DefaultExt 属性，用于设置默认的文件扩展名。

【例 10.8】　在窗体上添加 1 个文本框、1 个"另存文件"按钮和 1 个另存为文件对话框控件，单击按钮时可打开"另存为"对话框，选择文件名及保存位置之后单击"保存"按钮，可将文本框中的内容以文本文件的形式保存起来。

（1）从工具箱中将 SaveFileDialog 控件拖放到窗体中，其默认名为 SaveFileDialog1。

（2）界面设计如图 10.14 所示。设置文本框 TextBox1 的 MultiLine 属性值为 True，其中文本内容通过属性窗口中的 Text 属性设定。

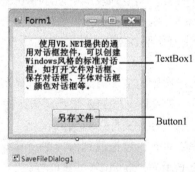

图 10.14　例 10.8 的设计界面

（3）编写"另存文件"按钮 Button1 的 Click 事件过程。

```
Private Sub Button1_Click(…) Handles Button1.Click          '另存文件
    SaveFileDialog1.InitialDirectory = "D:\VB"              '设置默认的文件夹
    SaveFileDialog1.FileName = "txtname.txt"                '设置默认的文件名
    SaveFileDialog1.DefaultExt = "txt"                      '设置默认扩展名
    SaveFileDialog1.ShowDialog()                            '打开另存为对话框
```

```
        FileOpen(1, SaveFileDialog1.FileName, OpenMode.Output)
                                                    '打开 FileName 属性值指定的文本文件
        Write(1, TextBox1.Text)                     '将文本框中的内容写入文件
        FileClose(1)                                '关闭文本文件
    End Sub
```

3. 字体对话框

字体对话框如图 10.15 所示,是通过 FontDialog 控件来实现的,用于设置文本的字体、字号、字形和颜色等。其常用属性如下。

① Font 属性:表示选定的字体,包括字形、大小和效果。

② ShowColor 属性:设置是否显示"颜色"下拉列表框,默认为 False(不显示)。

③ Color 属性:表示选定的字体颜色。

【例 10.9】 在窗体上添加 1 个文本框和 1 个"改变字体"按钮,单击该按钮可打开"字体"对话框,选定字体、字形、大小等之后,单击"确定"按钮,可使文本框中的字体属性发生相应的变化。

(1)从工具箱中将 FontDialog 控件拖放到窗体中,其默认名为 FontDialog1。

(2)编写"改变字体"按钮 Button1 的 Click 事件过程。

```
    Private Sub Button1_Click(…) Handles Button1.Click        '改变字体
        FontDialog1.ShowDialog()
        TextBox1.Font = fontDialog1.Font
    End Sub
```

4. 颜色对话框

颜色对话框如图 10.16 所示,是通过 ColorDialog 控件来实现的,它用于设置文字的颜色及各种控件的背景色。其常用的只有一个 Color 属性,其值是用户选定的颜色。

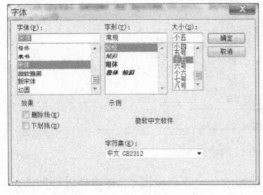

图 10.15　字体对话框

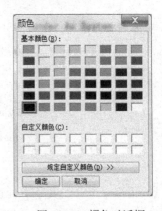

图 10.16　颜色对话框

【例 10.10】 在窗体上添加 1 个文本框和 1 个"改变颜色"按钮,单击该按钮可打开"颜色"对话框,选定颜色之后单击"确定"按钮,可使文本框中的文字颜色发生相应的变化。

(1)从工具箱中将 ColorDialog 控件拖放到窗体中,其默认名为 ColorDialog1。

(2)编写"改变颜色"按钮 Button1 的 Click 事件过程。

Private Sub Button1_Click(⋯) Handles Button1.Click   '改变颜色

    ColorDialog1.ShowDialog()

    TextBox1.ForeColor = ColorDialog1.Color

End Sub

10.5 分组框

分组框（GroupBox）控件的主要作用是作为容器放置其他控件，将这些控件分成可标识的控件组。分组框内的所有控件将随分组框一起移动、显示和消失。

对于单选按钮来说，未使用分组框分组时，窗体上的所有单选按钮都被看作是同一组的，运行时用户只能从中选择一个。若使用分组框把单选按钮分组，则可以按组进行选择，即每个分组框中可以选中一个单选按钮。

分组框控件的常用属性是 Text，用于设置分组框的标题，以便识别。由于分组框控件主要用来对其他控件进行分组，所以通常不需要编写有关分组框控件的事件过程。

在窗体上可以先添加 GroupBox 控件，再在 GroupBox 控件中添加其他控件。如果 GroupBox 控件后添加，可以将窗体上的其他有关控件拖放到 GroupBox 控件中。

【例 10.11】 利用单选按钮和分组框控件设置文本框的字体及字号。

（1）按图 10.17 所示设计界面。

① 在窗体上添加 1 个文本框 TextBox1，其 Text 属性设置为"分组框应用示例"。

② 在窗体上添加 2 个分组框控件 GroupBox1 和 GroupBox2，其 Text 属性分别为"字体"和"字号"。

③ 在分组框控件 GroupBox1 中添加单选按钮 RadioButton1（宋体）、RadioButton2（楷体）和 RadioButton3（隶书）；在分组框 GroupBox2 中添加单选按钮 RadioButton4（12 字号）、RadioButton5（14 字号）和 RadioButton6（16 字号）。设置各个单选按钮的 Text 属性。

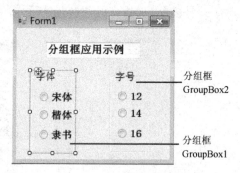

图 10.17 例 10.11 的设计界面

（2）采用 2 个分组共享事件过程的方式，编写的 2 个单选按钮 Click 事件过程如下。

Private Sub RadioButton1_Click(⋯) Handles RadioButton1.Click, _

                    RadioButton2.Click, RadioButton3.Click

    Select Case True

        Case RadioButton1.Checked

            TextBox1.Font = New Font("宋体", TextBox1.Font.Size)

        Case RadioButton2.Checked

```
                TextBox1.Font = New Font("楷体", TextBox1.Font.Size)
            Case Else
                TextBox1.Font = New Font("隶书", TextBox1.Font.Size)
        End Select
    End Sub
    Private Sub RadioButton4_Click(…) Handles RadioButton4.Click, _
                                RadioButton5.Click, RadioButton6.Click
        Select Case True
            Case RadioButton4.Checked
                TextBox1.Font = New Font(TextBox1.Font.Name, 12)
            Case RadioButton5.Checked
                TextBox1.Font = New Font(TextBox1.Font.Name, 14)
            Case Else
                TextBox1.Font = New Font(TextBox1.Font.Name, 16)
        End Select
    End Sub
```

程序运行后，当用户单击任意一个单选按钮，文本框 TextBox1 的 Font 属性会相应发生变化。

10.6 图片框

图片框（PictureBox）控件可显示多种格式的图片，如.bmp（位图）、.ico（图标）、.wmf（图元）、.gif 和.jpg 等图片文件。

图片框有以下两个常用属性。

① Image 属性：设置在图片框中要显示的图片文件。可以在设计时通过属性窗口设置，也可以通过代码来设置。

如果通过代码设置，需使用 Image 类的 FromFile 方法进行设置。例如，给 PictureBox1 控件加载图片"D:\VB\welcome.bmp"，可以使用以下代码。

```
        PictureBox1.Image = Image.FromFile("D:\VB\welcome.bmp")
```
使用以下代码可以清除 PictureBox1 控件中的图片。

```
        PictureBox1.Image = Nothing
```
② SizeMode 属性：确定图片框控件如何与图片相适应。有如下 5 个选项。

● Normal（默认值）：加载的图片位于图片框的左上角，并保持原始尺寸。若图片比图片框大，超出部分将被截去。

● StretchImage：加载的图片按图片框的大小自动伸缩显示。

● AutoSize：根据图片大小自动调整图片框的尺寸。

● CenterImage：加载的图片保持原始尺寸，在图片框内居中显示。若图片比图片框大，超出部分将被截去。

● Zoom：加载的图片将根据图片框大小完整显示，并保持原有的纵横比例不变。

图片框一般情况下不使用事件。

【例 10.12】 利用图片框、定时器等控件，编写一个模拟航天飞机起飞的程序。

（1）分析：按下列步骤来模拟航天飞机起飞。

① 单击"准备"按钮时，进入 10 秒倒计时。

② 倒计时为 0 时，航天飞机起飞，起飞过程中显示飞行时间。

③ 当航天飞机飞出窗体时，飞行任务结束。

（2）程序界面如图 10.18 所示，设计步骤如下（假设程序中用到的图片文件已经存放在 "D:\VB" 文件夹下）。

① 将图片"发射场.jpg"设置为窗体背景，方法是：在窗体的属性窗口中单击 Background Image 属性值右侧的省略号按钮，打开"选择资源"对话框，单击"本地资源"单选按钮，然后通过"导入"按钮选择图片文件，例如，选择"D:\VB\发射场.jpg"作为窗体背景。再设置 BackgroundImageLayout 属性为 Stretch（以拉伸方式设置背景图案）。

② 在窗体上添加图片框控件 PictureBox1，设置其 Image 属性为图片文件"D:\VB\航天飞机.jpg"，设置 SizeMode 属性为 StretchImage。

③ 在窗体上添加定时器 Timer1，将 Interval 属性值设置为 300。

④ 在窗体上添加 1 个标签 Label1 和 1 个命令按钮 Button1，其 Text 属性分别为"计时器"和"准备"。

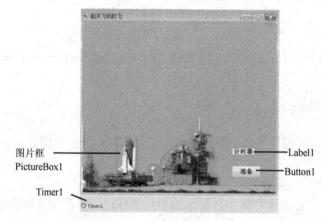

图 10.18　例 10.12 的设计界面

（3）编写的程序代码如下：

```
Dim t As Integer = 10                                        '设置倒计时变量 t 的初值
Private Sub Button1_Click(…) Handles Button1.Click          '准备
    Timer1.Enabled = True                                    '打开定时器
End Sub
Private Sub Timer1_Tick(…) Handles Timer1.Tick
    t = t - 1
    If t > 0 Then
        Label1.Text = "倒计时：" & t
    Else
        Button1.Text = "起飞"
        Label1.Text = "飞行时间：" & -t
        PictureBox1.Top = PictureBox1.Top - 10              '航天飞机往上飞
        If PictureBox1.Top < -PictureBox1.Height Then        '判断航天飞机是否飞出窗体
            Label1.Text = "飞行正常"
```

```
          Timer1.Enabled = False                        '关闭定时器
      End If
    End If
  End Sub
```

程序运行效果如图 10.19 所示。

图 10.19　航天飞机升空

习题 10

一、单选题

1. 下列关于键盘事件的叙述中，正确的是_____。

A）当同时按 Shift 键和数字键 5 时，KeyPress 事件过程中的 e.KeyChar 为字符 "%"

B）按键盘上的任意一个键都会触发 KeyPress 事件

C）KeyDown 和 KeyUp 事件过程中可以使用 e.KeyChar

D）按小写字母键和大写字母键的 e.KeyCode 值不同

2. 要给菜单项指定快捷键，应该设置菜单项的_____属性。

A）Text 　　　B）CheckState 　　　C）Checked 　　　　　D）ShortcutKeys

3. 下列关于菜单的叙述中，错误的是_____。

A）下拉式菜单和弹出式菜单都是通过 MenuStrip 控件创建的

B）每个菜单项都是一个对象，也有自己的属性、事件和方法

C）菜单中的分隔符也是一个对象

D）所有菜单项都能接收 Click 事件

4. 设置控件的_____属性，可以建立该控件与一个弹出式菜单的关联。

A）ContextMenu 　　　　　　　　B）Location

C）ContextMenuStrip 　　　　　　D）Text

5. 打开文件对话框控件（OpenFileDialog）的作用是_____。

A）选择某一文件并打开该文件

B）选择某一文件但不能打开该文件

C）选择多个文件并打开这些文件

D）选择多个文件但不能打开这些文件

6. 使用通用对话框控件建立 "打开" 或 "另存为" 文件对话框时，如果需要在文件类型列表框中指定文件类型为幻灯片文件（.pptx），则正确的描述格式是_____。

A）"幻灯片文件(.pptx)"|*.pptx   B）"幻灯片文件(.pptx)(*.pptx)"

C）"幻灯片文件(.pptx) *.pptx"   D）"幻灯片文件(.pptx)|*.pptx"

7. 使用 SaveFileDialog 控件设计一个"另存为"对话框时，如果要设置保存的文件的默认扩展名，则应设置 SaveFileDialog 控件的_____属性。

A）Filter   B）FileType

C）DefaultExt   D）FileExt

8. 窗体上有一个打开文件对话框控件 OpenFile1 和一个命令按钮 Button1，命令按钮的事件过程如下：

Private Sub Button1_Click(⋯) Handles Button1.Click

  OpenFile1.Filter = "文档文件(*.docx)|*.docx|文本文件(*.txt)|*.txt"

  OpenFile1.FilterIndex = 2

  OpenFile1.FileName = ""

  OpenFile1.ShowDialog()

 End Sub

运行时单击命令按钮，显示一个打开文件对话框。下列叙述中错误的是_____。

A）该对话框的标题名为"打开"

B）在该对话框中指定的默认文件类型为*.docx

C）从该对话框的文件类型列表框中，可以选定文件类型*.docx

D）在该对话框中指定的默认文件名为空

二、填空题

1. 当用户右击鼠标，在 MouseDown、MouseUp 和 MouseMove 事件过程中，e.Button 的值是_____(1)_____。

2. 如果要在菜单项左边显示一个复选标记√，可以将其_____(2)_____属性设置为 True。

3. 要在菜单中建立分隔符，应在菜单编辑框中键入一个_____(3)_____符号。

4. 使用_____(4)_____控件可以创建"字体"对话框。

5. 窗体上有 1 个文本框 TextBox1，并编写以下 3 个事件过程：

Private Sub Form1_Click(⋯) Handles Me.Click

  Debug.Write("高级")

End Sub

Private Sub Form1_MouseDown(⋯) Handles Me.MouseDown

  Debug.Write("语言")

End Sub

Private Sub TextBox1_KeyDown(⋯) Handles TextBox1.KeyDown

  Debug.Write("计算机")

End Sub

程序运行时单击窗体，按"a"键，则在即时窗口上显示的内容是_____(5)_____。

6. 窗体上有 1 个多行文本框、2 个命令按钮、1 个字体对话框控件和 1 个颜色对话框控件，如图 10.20 所示。要求：程序运行时单击"设置字体"按钮，打开一个字体对话框，在其中选择字体、字形、大小、效果和颜色之后，设置文本框中文字的对应属性；单击"设置颜色"按钮，打开一个颜色对话框，在其中选择某种颜色，则用该颜色设置文本框的背景颜色。

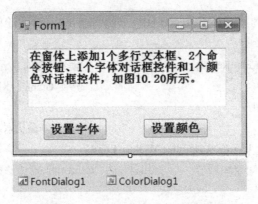

图 10.20 设置文字的字体及颜色属性

完成下列程序代码：

Private Sub Button1_Click(…) Handles Button1.Click   '设置字体

    FontDialog1.ShowColor =   ___(6)___

    FontDialog1.ShowDialog()

    TextBox1.Font =   ___(7)___

    TextBox1.ForeColor = FontDialog1.Color

End Sub

Private Sub Button2_Click(…) Handles Button2.Click   '设置字体

    ColorDialog1.ShowDialog()

    TextBox1.BackColor =   ___(8)___

End Sub

上机练习 10

1. 在窗体上添加 1 个标签，设置标签的 Text 属性为"弹出式菜单示例"，再为标签建立一个含有"宋体"、"楷体"和"幼圆"菜单项的弹出式菜单，实现对标签内的文字字体进行控制。

2. 在窗体上添加 1 个文本框、1 个"打开"按钮和 1 个打开文件对话框控件，按照以下要求设计程序：单击"打开"按钮时，弹出"打开"对话框，其默认路径为"D:\"，默认列出的文件为所有文件和文本文件（.txt），用户选定路径及文件名后，该文件夹及文件名显示在窗体的文本框中。

3. 用鼠标写字。程序运行时，按住鼠标左键或右键可以在窗体上写字，如图 10.21 所示。

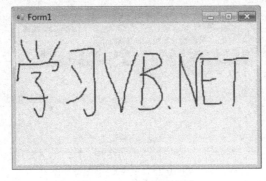

图 10.21 在窗体上写字

分析：本题程序要用到鼠标事件和 VB.NET 的绘图功能，有关绘图语句的作用已加有注解。

程序代码如下：

```
Dim p As New Pen(Color.Red, 3)                   '创建画笔对象 p，红色，线宽 3
Dim G As Graphics                                 '声明 Graphics 对象变量 G
Dim pX, pY As Single
Dim f As Integer                                  'f 表示画图状态，画图时为 1，否则为 0
Private Sub Form1_Load(…) Handles MyBase.Load
    G = Me.CreateGraphics                         '用窗体的 CreateGraphics 方法构建一块画布，并赋给 G
    f = 0
End Sub
Private Sub Form1_MouseDown(…) Handles Me.MouseDown
    f = 1
    pX = e.X
    pY = e.Y
End Sub
Private Sub Form1_MouseUp(…) Handles Me.MouseUp
    f = 0
End Sub
Private Sub Form1_MouseMove(…) Handles Me.MouseMove
    If f = 1 Then
        G.DrawLine(p, pX, pY, e.X, e.Y)           '用 DrawLine 画线段，从(pX, pY)到(e.X, e.Y)
        pX = e.X
        pY = e.Y
    End If
End Sub
```

4．利用菜单、通用对话框等控件，设计一个简易的记事本程序。

按照以下步骤进行操作：

（1）界面设计如图 10.22 所示。

① 在窗体上添加 1 个菜单栏控件 MenuStrip1、1 个打开文件对话框控件 OpenF1（将默认名 OpenFileDialog1 改为 OpenF1）、1 个另存为文件对话框控件 SaveF1、1 个"字体"对话框控件 FontD1。

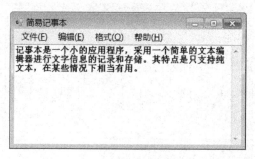

图 10.22　简易记事本

② 通过菜单编辑器建立菜单栏，如图 10.23 所示。

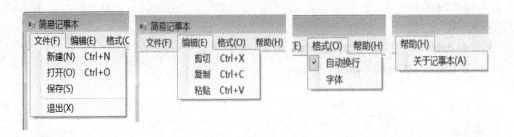

图 10.23　简易记事本的菜单栏

菜单项的名称以 m 开头，如"文件"菜单项命名为"m 文件"，"新建"菜单项命名为"m 新建"等。

将"自动换行"菜单项的 Checked 属性设置为 True。

③ 在窗体上添加 1 个文本框 TextBox1，将该控件的 MultiLine 属性设置为 True，ScrollBox 属性设置为 Both，Dock（停靠）属性设置为 Fill（在下拉列表框中选定中间的大框）。通过 Dock 属性可以使文本框自动填满整个窗体。

（2）编写程序代码。为实现对文本文件进行读和写操作，代码中使用系统提供的 My.Computer.FileSystem 类的 ReadAllText 和 WriteAllText 两个方法，ReadAllText 方法的功能是从指定文件中读取所有文本内容，WriteAllText 方法的功能是将文本内容写入到文件中。

程序代码如下：

```
Private Sub m 新建_Click(…) Handles m 新建.Click              '新建
    TextBox1.Clear()
End Sub
Private Sub m 打开_Click(…) Handles m 打开.Click              '打开
    OpenF1.Filter = "文本文件|*.txt"                          '设置文件过滤器
    OpenF1.InitialDirectory = "D:\VB"                         '设置默认文件夹
    OpenF1.ShowDialog()                                      '显示打开文件对话框
    If OpenF1.FileName <> "" Then
        Me.Text = "简易记事本 - " & OpenF1.FileName
        TextBox1.Text = My.Computer.FileSystem.ReadAllText(OpenF1.FileName, _
                        System.Text.Encoding.Default)
    End If
End Sub
Private Sub m 保存_Click(…) Handles m 保存.Click              '保存
    SaveF1.Filter = "文本文件|*.txt"                          '设置文件过滤器
    SaveF1.ShowDialog()
    If SaveF1.FileName <> "" Then
        My.Computer.FileSystem.WriteAllText(SaveF1.FileName,TextBox1.Text, False)
        Me.Text = "简易记事本 - " & SaveF.FileName
    End If
End Sub
Private Sub m 退出_Click(…) Handles m 退出.Click              '退出
```

```vb
            Me.Close()
        End Sub
        Private Sub m 剪切_Click(…) Handles m 剪切.Click          '剪切
            If TextBox1.SelectionLength > 0 Then
                TextBox1.Cut()
            End If
        End Sub
        Private Sub m 复制_Click(…) Handles m 复制.Click          '复制
            If TextBox1.SelectionLength > 0 Then
                TextBox1.Copy()
            End If
        End Sub
        Private Sub m 粘贴_Click(…) Handles m 粘贴.Click          '粘贴
            TextBox1.Paste()
        End Sub
        Private Sub m 字体_Click(…) Handles m 字体.Click          '字体
            FontD1.ShowDialog()
            TextBox1.Font = FontD1.Font
        End Sub
        Private Sub m 自动换行_Click(…) Handles m 自动换行.Click     '自动换行
            If m 自动换行.Checked Then
                m 自动换行.Checked = False
                TextBox1.WordWrap = False
            Else
                m 自动换行.Checked = True
                TextBox1.WordWrap = True
            End If
        End Sub
        Private Sub m 关于_Click(…) Handles m 关于.Click          '关于记事本
            Dim t As String
            t = "记事本是一个小的应用程序，采用一个简单的" & vbCrLf & _
                "文本编辑器进行文字信息的记录和存储。其特" & vbCrLf & _
                "点是只支持纯文本，在某些情况下相当有用。"
            MsgBox(t, , "关于记事本")
        End Sub
```

第 11 章　面向对象程序设计

面向对象程序设计是一种新兴的程序设计方法，它是以对象为基础的、一种由下而上进行程序设计的方法。在程序设计中，编程人员将集中考虑如何创建对象、利用对象来简化程序设计，提高代码的可重用性、可扩展性和可维护性，从而使程序更易编写、调试和维护。本章将简单介绍面向对象的一些基本概念及其在 VB.NET 中的具体实现。

11.1　面向对象技术的主要特性

从第 2 章中我们知道，类（Class）和对象（Object）是面向对象技术中最重要的两个概念，是面向对象程序设计的核心。类描述对象的"结构"，是生成对象的模板，它是对一组有相同数据和相同操作对象的事物的抽象定义。对象是类的具体化，是类的实例。

面向对象技术具有 3 个主要特性：封装性、继承性和多态性。

1. 封装性

封装是指利用抽象数据类型将数据和基于数据的操作包装在一起，使其构成一个不可分割的独立实体，数据被保护在抽象数据类型的内部，尽可能地隐藏内部的细节，只保留一些对外接口使之与外部发生联系。类和对象就是利用封装技术建立起来的逻辑实体。封装是对象和类的主要特性。

封装可以将操作对象的内部复杂性与应用程序的其他部分隔离开来，这样，在程序中使用一个对象时就不必关心对象的内部是如何实现的。这就像电视机的内部已经被封装起来，你不需要知道它的内部结构、如何工作，你只知道用遥控器来控制就行了。

封装保证了对象具有较好的独立性，防止外部程序破坏对象内部的数据，同时便于程序的维护和修改。

2. 继承性

在面向对象程序设计中，可以在原有类的基础上定义新的类，原有的类称为基类（或父类），新的类称为派生类（或子类）。新创建的子类可以继承，并扩展基类中定义的方法、属性和事件。继承提高了程序代码的可重用性。

3. 多态性

多态是指同一操作作用于不同的对象，可以有不同的解释，产生不同的执行结果，这就是多态性。

多态性允许每个对象以适合自身的方式去响应共同的消息，提供类中方法执行的多样性，增强了软件的灵活性和兼容性。

11.2 创建类和对象

我们知道，VB.NET 中提供了大量的现成类，称为预定义类，如 Form、Label、Math 类等，可供编程时使用。对于预定义类，用户不能修改。只能用来创建对象或者派生出新的类。在实际应用中，有时编程人员根据设计需要，希望能自己创建类。创建类一般有两种方法。一是继承现有的类，对现有类的功能进行扩充；二是重新创建自己的新类。

11.2.1 类的创建

1. 类的定义

VB.NET 中的类通过 Class 语句来定义，其简单语法格式如下：

> [Public|Private] Class 类名
>
> 　　类定义体
>
> End Class

其中：① "Public|Private" 用于表示类的访问权限，默认时为 Public（公有的）；②类定义体用于定义类内部的成员，包括字段（也称为数据成员）、属性、方法和事件。

例如，创建一个类，类名为 Student，类中声明了 2 个字段 Stxh 和 Stcj：

> **Public Class Student**
>
> 　　Public Stxh As String　　　　　　　　'学号
>
> 　　Dim Stcj As Single　　　　　　　　　'成绩
>
> 　　…
>
> **End Class**

在类 Student 中，声明的公有字段 Stxh，可以在类的内、外部读取或修改它的值；而私有字段 Stcj，只能在类的内部使用，外部无法访问。

2. 类定义的位置

类是一个代码块，常见的类定义位置如下：

① 与窗体类并列定义。例如：

> Public Class Form1　　　　　　　　　'窗体类定义开始
>
> 　　…
>
> End Class　　　　　　　　　　　　　'窗体类定义结束
>
> Class MyClass1　　　　　　　　　　'用户自定义类开始
>
> 　　…
>
> End Class　　　　　　　　　　　　　'用户自定义类结束

说明：窗体类定义代码 Public Class Form1...End Class 必须放在其他类定义代码的前面。

② 在窗体类或标准模块中定义类。例如：

> Public Class Form1　　　　　　　　　'窗体类定义开始
>
> 　　…
>
> Class MyClass1　　　　　　　　　　'用户自定义类开始
>
> 　　…
>
> End Class　　　　　　　　　　　　　'用户自定义类结束

...

End Class   '窗体类定义结束

③ 在项目中创建类文件，在其中定义类。操作如下：

选择菜单"项目"→"添加类"命令，打开"添加新项"对话框，在对话框的中间窗格中选择"类"，再根据需要修改类名称，例如，改为 MyClass1，然后单击"添加"按钮，就可以在当前项目中添加一个名为 MyClass1.vb 的类文件，并在代码窗口中显示一个空类的模板如下：

```
Public Class MyClass1

End Class
```

这时在 Class 和 End Class 之间就可以输入创建类的代码了。一个类文件可以包含多个类。

11.2.2 属性的定义

类的属性通过 Property 语句来定义。在语句中使用 Set 子句设置属性的值，使用 Get 子句获取属性的值。定义属性的简单语法格式如下：

```
[Public|Private][ReadOnly|WriteOnly] Property 属性名(形参表) As 类型
    Get
        语句组 1
    End Get
    Set (ByVal 形参名 As 数据类型)
        语句组 2
    End Set
End Property
```

说明：

① ReadOnly 和 WriteOnly 分别用来定义该属性为只读属性和只写属性。若省略，则定义的是读写属性。

② Get 子句用于获取属性的值。如果没有 Get 子句，则定义的属性为只写属性，这时在 Property 语句中需要注明 WriteOnly。

③ Set 子句用来设置属性的值。如果没有 Set 子句，则定义的属性为只读属性，这时在 Property 语句中需要注明 ReadOnly。

④ 如果希望对象的属性是可读写的，则在 Property 语句中必须加入 Get 子句和 Set 子句。

【例 11.1】 创建一个表示正方形的类 Square，并定义一个表示边长的 Side 属性，编写一个应用该类及其属性的程序。

（1）创建一个 VB.NET 的"Windows 窗体应用程序"项目。

（2）参照图 11.1 设计界面。

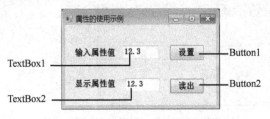

图 11.1 设置和获取属性的值

（3）进入窗体的代码窗口，在窗体类代码 Public Class Form1…End Class 后面创建类 Square 和定义 Side 属性。

```
Public Class Square                          '创建一个 Square 类
    Dim s As Single                          '声明字段 s
    Public Property Side( ) As Single        '定义属性 Side
        Get                                  '获取属性值
            Return s                         '将 s 的值作为属性值返回
        End Get
        Set(ByVal value As Single)           '设置属性值
            s = value                        '用参数 value 的值设置属性值
        End Set
    End Property
End Class
```

（4）编写应用类 Square 及其属性的程序代码。

```
Public Class Form1
    Dim S1 As New Square                                        '创建一个属于 Square 类的对象 S1
    Private Sub Button1_Click(…) Handles Button1.Click          '设置
        S1.Side = Val(TextBox1.Text)                            '用文本框的内容设置对象的 Side 属性
    End Sub
    Private Sub Button2_Click(…) Handles Button2.Click          '读出
        TextBox2.Text = S1.Side                                 '读出对象的 Side 属性值
    End Sub
End Class
```

程序运行后，在文本框 TextBox1 中输入一个数值（即正方形的边长值），单击"设置"按钮，则用该值设置对象 S1 的 Side 属性；单击"读出"按钮，则获取该对象的 Side 属性值，并在文本框 TextBox2 中显示出来。

11.2.3 方法的定义

方法是封装在类内部的完成特定操作的过程，它代表由该类所生成的对象所具有的行为特征。创建方法是在类中编写若干个 Sub 过程或 Function 过程。这些过程的访问权限，默认时为 Public。

【例 11.2】 在例 11.1 定义的 Square 类中，给类定义一个计算正方形面积的方法 Area()，并使用该方法来计算某正方形的面积。

参照图 11.2 设计界面。编写的程序代码如下。

图 11.2 例 11.2 的运行效果

```
Public Class Form1
    Dim S1 As New Square                                    '创建一个属于 Square 类的对象 S1
    Private Sub Button1_Click(…) Handles Button1.Click      '计算
        S1.Side = Val(TextBox1.Text)                        '用 TextBox1 的内容设置对象的 Side 属性
        TextBox2.Text = S1.Area()                           '调用 Area()方法计算面积
    End Sub
End Class
Public Class Square                                         '创建一个 Square 类
    Dim s As Single                                         '声明字段 s
    Public Property Side( ) As Single                       '定义属性 Side
        Get                                                 '获取属性值
            Return s                                        '将变量 s 的值作为属性值返回
        End Get
        Set(ByVal value As Single)                          '设置属性值
            s = value                                       '用参数 value 的值设置属性的新值
        End Set
    End Property
    Public Function Area() As Single                        '定义方法 Area
        Return s*s                                          '计算面积
    End Function
End Class
```

11.2.4 事件的定义

在类中除了有属性和方法，还可以有事件。事件与属性、方法的最大区别在于，属性和方法对应的代码是在创建类时预先设计好的，而对于事件，在创建类时只是声明事件，并决定该事件在什么条件下被触发，对于发生事件时应执行什么样的操作，则需要编程人员编写事件过程来实现。

在所创建的类中添加事件，一般步骤如下。

① 在类中使用 Event 语句声明一个事件。其格式如下：

    Public Event 事件名(形参表)

② 在类中某个方法中，使用 RaiseEvent 语句触发事件。其格式如下：

    RaiseEvent 事件名(实参表)

要使用类中定义的事件，还需要完成以下操作。

① 用 WithEvents 关键字声明一个对象，格式如下：

    Dim WithEvents 对象名 As New 类名

② 为对象响应事件编写相应的事件过程，这与前面编写事件过程的方法相同。

事件的定义和使用较为复杂，下面通过一个实例加以说明。

【例 11.3】 在例 11.2 定义的 Square 类中，定义一个 ErrSide 事件，当给定的正方形边长小于 0 时，引发该事件，并返回错误码 "-1"。然后编写对象的 ErrSide 事件过程实现，当边长小于 0 时，用消息框给出提示。

本例采用例 11.2 的用户界面，如图 11.2 所示，编写的程序代码如下：

```
Public Class Form1
    Dim WithEvents S1 As New Square          '用 WithEvents 创建一个属于 Square 类的对象 S1
    Private Sub Button1_Click (…) Handles Button1.Click      '计算
        S1.Side = Val(TextBox1.Text)          '用 TextBox1 的内容设置对象的 Side 属性
        TextBox2.Text = S1.Area()                      '调用 Area()方法计算面积
    End Sub
    Private Sub S1_ErrSide() Handles S1.ErrSide          '对象 S1 的 ErrSide 事件过程
        MsgBox("非法边长，请检查！")
    End Sub
End Class
Public Class Square                                  '创建一个 Square 类
    Dim s As Single                                  '声明字段 s
    Public Property Side( ) As Single                '定义属性 Side
        Get                                          '获取属性值
            Return s                                 '将变量 s 的值作为属性值返回
        End Get
        Set (ByVal value As Single)                  '设置属性值
            s = value                                '用参数 value 的值设置属性的新值
        End Set
    End Property
    Public Event ErrSide()                           '声明事件 ErrSide
    Public Function Area() As Single                 '定义方法 Area()，用于计算面积
        If s < 0 Then
            RaiseEvent ErrSide()                     '引发 ErrSide 事件
            Return -1
        Else
            Return s * s
        End If
    End Function
End Class
```

11.2.5 对象的创建

创建类之后，一般要创建类的对象，即生成类的实例，才能达到使用类的目的。类是对象的模板，它包含所创建对象的属性、方法和事件。

1. 创建对象

类本质上是一种数据类型，用类创建一个对象，实际上就是声明一个属于该类类型的对象变量，与声明普通变量的方法类似。声明对象变量的一般语法格式如下：

　　Dim　对象变量名　As New　类名

说明：

① "类名"可以是 VB.NET 预定义的类(如 Form 类、TextBox 类等)，也可以是用户自己定义的类。

② 关键字"New"表示要创建一个类的实例。

例如，假设已经创建了一个名称为 Score 的类，使用以下语句可以创建该类的实例，即创建对象 Score1。

    Dim Score1 As New Score

或写成：

    Dim Score1 = New Score

说明：当类中含有自己的事件时，应使用 WithEvents 关键字来声明对象。

2. 对象成员的访问

当定义某个类的对象后，该对象就具有了该类的一套成员，包括属性、方法及事件。

要访问对象成员，必须通过对象变量才能实现，其一般格式介绍如下。

读取对象的属性值：变量 = 对象变量名.属性名

设置对象的属性：对象变量名.属性名 = 表达式

调用对象的方法：对象变量名.方法名（参数表）

响应对象的事件：需要编写相应的事件过程

3. 对象变量的释放

一旦某个对象的使命已完成，在程序中不再需要它，就可以及时将它"销毁"，以便释放对象所占用的资源。

释放对象变量的语句格式为：

    对象变量名 = Nothing

11.2.6　构造函数

在 VB.NET 中，声明一个变量的同时，可以为变量指定一个初始值，也就是对变量进行初始化。同样，在创建一个对象的同时，也可以对该对象进行初始化，即为其成员提供初始值。对象的初始化由类中一个特殊的成员函数完成，这个成员函数称为构造函数。

在类中定义构造函数的一般格式如下：

    Public Sub New ([形参表])
        …   '对象初始化
    End Sub

说明：

① 构造函数的名称必须是 New，且必须是一个访问权限为 Public 的 Sub 过程。

② 构造函数可以重载，即可以定义多个参数个数不同或参数类型不同的构造函数。

③ 构造函数是在创建对象时由系统自动调用，程序中不能直接调用。

④ 每一个创建的类都应该有一个构造函数，若类中没有定义过任何形式的构造函数，系统会自动生成如下的默认构造函数（也称为空构造函数）：

    Public Sub New()

```
                End Sub
```
该默认构造函数没有参数,函数体为空,它仅负责创建对象,但不做任何初始化工作。

【**例 11.4**】 为例 11.1 中的 Square 类添加构造函数,给 Side 属性赋予初值 10,使用的代码如下:

```
        Public Sub New(ByVal inps As Single)           '定义构造函数
            s = inps                                    '将输入值赋予字段 s,即作为 side 属性值
        End Sub
```

这样,在窗体类代码中就可以使用以下语句创建对象 S1,并将其 Side 属性初始化为 10。

```
        Dim S1 As New Square(10)
```

程序运行时,直接单击"读出"按钮,就可以获取和显示 Side 属性值,如图 11.3 所示。

图 11.3 获取 Side 属性的初始值

【**例 11.5**】 利用类编写一个校园卡支付和充值的程序。

(1)分析:

① 定义一个表示校园卡的类 Card。

② 在类中定义 Cno(校园卡号)、Cpw(密码)和 Cye(余额)三个属性,Cno 和 Cpw 是只读属性,Cye 为读写属性。

③ 定义 Deduct(支付)和 Recharge(充值)两个方法。

④ 在 Deduct 方法中,实现以下处理:

● 声明一个 Overye 事件,如果余额小于扣除数(透支)时,引发此事件。

● 从余额中减去扣除数(余额=余额-扣除数)。

● 若余额小于 10 元时,则 Deduct 方法返回值-1。

(2)参照图 11.4 设计界面。文本框 TextBox1 用于显示校园卡号,不允许修改,故设置其 ReadOnly 属性为 True;文本框 TextBox2 用于输入密码,设置其 PasswordChar 属性为"*"。

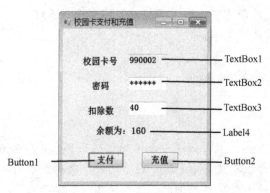

图 11.4 校园卡的支付和充值

(3)编写程序代码。

① 在窗体的代码窗口中创建一个 Card 类,并定义类的属性、方法及事件。即在窗体类

代码 Public Class Form1…End Class 后面输入以下代码：

```
    Public Class Card                                      '创建一个 Card 类
        Dim No As String                                   '声明字段变量
        Dim Pw As String
        Dim ye As Decimal
        Public Sub New()                                   '定义构造函数
            No = "990002"                                  '为字段指定初始值
            Pw = "lin408"
            ye = 200.0
        End Sub
        ReadOnly Property Cno( ) As String                 '定义只读属性 Cno（卡号）
            Get
                Return No
            End Get
        End Property
        ReadOnly Property Cpw( ) As String                 '定义只读属性 Cpw（密码）
            Get
                Return Pw
            End Get
        End Property
        Public Property Cye( ) As Decimal                  '定义读写属性 Cye（余额）
            Get
                Return ye
            End Get
            Set(ByVal value As Decimal)
                ye = value
            End Set
        End Property
        Public Sub Recharge(ByVal inpye As Decimal)        '定义方法 Recharge，用于充值
            ye = ye + inpye
        End Sub
        Public Event Overye()                              '声明事件 Overye
        Public Function Deduct(ByVal inpkc As Decimal) As Integer    '定义方法 Deduct
            If inpkc > ye Then
                RaiseEvent Overye()                        '引发 Overye 事件
                Exit Function
            End If
            ye = ye - inpkc
            If ye < 10 Then
                Return -1                                  '返回值-1
```

```
                End If
          End Function
    End Class
```

② 编写应用 Card 类及有关处理的程序代码。

```
    Public Class Form1
        Dim WithEvents C1 As New Card                    '用 WithEvents 创建一个属于 Card 类的对象 C1
        Private Sub Form1_Load(…) Handles MyBase.Load
            TextBox1.Text = C1.Cno                        '显示卡号
        End Sub
        Private Sub Button1_Click(…) Handles Button1.Click    '支付
            Dim p As String, k As Decimal, f As Integer
            p = Trim(TextBox2.Text)
            k = Val(TextBox3.Text)
            If C1.Cpw <> p Then
                MsgBox("无效密码！")
                Exit Sub
            End If
            f = C1.Deduct(k)                              '调用对象 C1 的 Deduct 方法计算余额
            Label4.Text = "余额为：" & C1.Cye
            If f = -1 Then
                MsgBox("余额小于 10 元，请及时充值！")
            End If
        End Sub
        Private Sub C1_Overye() Handles C1.Overye          '对象 C1 的 Overye 事件过程
            MsgBox("超过余额(透支)，操作失败！")
            TextBox3.Text = ""
        End Sub
        Private Sub Button2_Click(…) Handles Button2.Click    '充值
            C1.Recharge(Val(InputBox("输入充值款数", "校园卡充值")))
                                                          '调用对象 C1 的 Recharge 方法，为校园卡充值
            Label4.Text = "余额为：" & C1.Cye
            TextBox3.Text = ""
        End Sub
    End Class
```

11.3　类的继承

在面向对象的程序设计中，可以在已有类的基础上增加新特性而构造出新的类，新类继承了原有类的字段、属性、方法和事件，这种机制称为继承。在继承的关系中，已有的类称为基类（或父类），新的类则称为派生类（或子类）。

从已存在的基类创建一个派生类是通过 Inherits 语句实现的。定义派生类的一般格式如下：

```
[Public|Private] Class 派生类名
    Inherits 基类名
    ...
End Class
```

说明：

① Inherits 语句必须是类定义语句（Class）后的第一条语句。

② 派生类继承了基类中的字段、属性、方法和事件，其访问方式由其在基类定义时所使用的访问权限（如 Public、Private 等）决定。但是基类的构造函数是不能继承的，因此，若需要对派生类对象进行初始化，则需要定义新的构造函数。

【例 11.6】 定义派生类，并编写代码进行测试。

（1）定义 BaseClass 类，作为基类，再创建派生类 ChildClass。

```
Public Class BaseClass              '定义 BaseClass 类，作为基类
    Public s As String = "VB.NET"   '声明字段变量并指定初始值
    Public t As Integer = 5
    Public Function Getval()        '定义 Getval 方法
        Return 3 * t
    End Function
End Class
Public Class ChildClass             '定义派生类 ChildClass
    Inherits BaseClass              '指定基类 BaseClass
End Class
```

（2）创建一个 ChildClass 类的对象 CC，并编写 Form1_Click 事件过程，代码如下。

```
Public Class Form1
    Dim CC As New ChildClass        '创建一个属于 ChildClass 类的对象 CC
    Private Sub Form1_Click(…) Handles Me.Click
        Debug.Print(CC.s)           '输出 CC.s 的值
        Debug.Print(CC.Getval())    '调用 CC.Getval()方法，并输出返回值
    End Sub
End Class
```

运行时单击窗体，在即时窗口中显示：

```
VB.NET
15
```

尽管在 ChildClass 类中没有定义字段 s、t 和 Getval()方法，但由于 ChildClass 类继承了基类 BaseClass，因此可通过对象 CC 来引用字段 s 和 t 的值，也可通过 CC.Getval()来调用类中的方法 Getval()。

【例 11.7】 在正方形 Square 类（见例 11.3）的基础上，派生出一个表示正方体的类 Cube，再添加计算正方体体积的方法，并编写代码进行测试。

打开例 11.3 的应用程序，在该程序基础上添加有关内容，以实现所要求的功能。

（1）在窗体上添加 1 个标签 Label3 和 1 个文本框 TextBox3，用于显示正方体的体积数，如

图 11.5 所示。

图 11.5 例 11.7 的运行界面

（2）定义派生类 Cube，并在该类中定义计算体积的 Volume 方法。
程序代码如下。

```
Public Class Form1
    Dim WithEvents S1 As New Cube                    '创建一个属于 Cube 类的对象 S1
    Private Sub Button1_Click(…) Handles Button1.Click   '计算
        S1.Side = Val(TextBox1.Text)                 '设置 Side 属性
        TextBox2.Text = S1.Area()                    '调用 Area()方法计算底面积
        TextBox3.Text = S1.Volume()                  '调用 Volume()方法计算体积
    End Sub
    Private Sub S1_ErrSide() Handles S1.ErrSide      '对象 S1 的 ErrSide 事件过程
        MsgBox("非法边长，请检查！")
    End Sub
End Class
Public Class Square                                  '创建一个 Square 类
    Public s As Single                               '用 Public 声明，使在类的外部可以访问 s
    Public Property Side() As Single                 '定义属性 Side
        …                                            '定义体内容与例 11.3 相同，这里省略
    End Property
    Public Event ErrSide()                           '声明事件 ErrSide
    Public Function Area() As Single                 '定义方法 Area，计算面积
        …                                            '定义体内容与例 11.3 相同，这里省略
    End Function
End Class
Public Class Cube                                    '定义派生类 Cube
    Inherits Square                                  '指定基类 Square
    Public Function Volume() As Single               '增设方法 Volume，用于计算体积
        Return s ^ 3
    End Function
End Class
```

在 VB.NET 中，允许分级继承，即一个子类可以由另外的子类继承而来，一个类的上层可以有基类，下层也可以有子类，形成一个层次结构。

11.4 类的多态性

类的多态性可以通过重载和重写来实现。

11.4.1 重载

重载是指在一个类中可以有多个名称相同的方法或属性，但参数必须不同，即参数的类型或参数的个数不同。这些方法或属性尽管以相同的名称调用，但实现的功能不一样，这就是多态的具体实现。

定义重载的方法或属性，可以加上关键字 "Overloads"，也可以不加，但如果其中有一个方法或属性加上 Overloads，其他所有的重载方法或属性的定义中就必须都加上 Overloads，例如：

```
Public Overloads Function Fnadd(ByVal a As Single, ByVal b As Single)
    Return a + b
End Function
Public Overloads Function Fnadd(ByVal a As String, ByVal b As String)
    Return a & b
End Function
```

以上代码在类中定义了两个重载方法 Fnadd，显然名称相同，但参数的类型不同，所以实现的功能也不一样。

【例 11.8】 重载方法的使用示例。

创建一个类 OL，在类中定义两个重载方法 Cal，名称相同，但两者参数的个数不同，所以实现的功能也不一样。

程序代码如下。

```
Public Class Form1
    Dim OL1 As New OL                                   '创建 OL 类的对象 OL1
        Private Sub Form1_Click(…) Handles Me.Click
        Debug.Print(OL1.Cal(5, 10))                     '调用重载方法 Cal，带 2 个参数
        Debug.Print(OL1.Cal(8))                         '调用重载方法 Cal，带 1 个参数
        End Sub
End Class
Public Class OL                                         '定义 OL 类，其中定义了两个重载方法 Cal
    Public Function Cal(ByVal x As Integer, ByVal y As Integer) '含有 2 个参数
        Return x * y                                    '用于计算 x 和 y 之积
    End Function
    Public Function Cal(ByVal x As Integer)             '含有 1 个参数
        Return x * x                                    '用于计算 x 的平方数
    End Function
End Class
```

运行时单击窗体,在即时窗口中显示:

50

64

由于重载提供了根据不同的输入参数,而自行启动相对应的类函数的机制,因此重载使得方法和属性的使用更为容易和方便。

11.4.2 重写

子类对从基类继承的属性或方法,可以进行改动和扩充,这就是重写。通过重写,子类可以继续使用基类中相同的属性或方法的名称,但所包含的代码却可以完全不同。

重写与重载不同,重写要求重写的方法或属性与被重写的方法或属性的名称、参数个数、参数类型完全相同。

进行重写时,要求在基类和子类中分别使用关键字 Overridable 和 Overrides 来声明要重写的方法或属性,在子类中的子类定义语句后第一条语句应是 Inherits 语句。

【例 11.9】 重写方法的使用示例。

创建一个类 BClass,在类中定义一个求正方形面积的方法 Area(),在 BClass 类的基础上派生出一个 CClass 类,在 CClass 类中对 Area()方法进行重写,改为求圆的面积。然后编写有关代码进行测试。

程序代码如下。

```
Public Class Form1
    Dim C1 As New CClass                    '创建 CClass 类的对象 C1
    Private Sub Form1_Click(…) Handles Me.Click
        C1.r = 5                            '赋值给字段变量 r
        Debug.Print(C1.Area())              '调用 Area()方法
    End Sub
End Class
Public Class BClass                         '定义 BClass 类
    Public r As Single
    Public Overridable Function Area()      '定义 Area()方法,计算正方形的面积
        Return r * r                        '返回正方形的面积
    End Function
End Class
Public Class CClass                         '定义派生类 CClass
    Inherits BClass                         '指定基类 BClass
    Public Overrides Function Area()        '重写基类的 Area()方法,改为求圆的面积
        Return Math.PI * r ^ 2              '返回圆的面积
    End Function
End Class
```

运行时单击窗体,在即时窗口中显示:

78.5398163397448

习题 11

一、单选题

1. 下列有关定义类的叙述中，错误的是_____。
   A）VB.NET 中不仅提供大量预定义的类，而且还允许用户自定义类
   B）类以块的形式出现，因而在同一个类文件中可以定义多个类
   C）在窗体的代码窗口中可以定义与 Form1 并列的类
   D）在标准模块中不可以定义类

2. 下列关于事件和使用事件的叙述中，错误的是_____。
   A）在类中使用 Event 语句声明事件
   B）使用 RaiseEvent 语句触发事件
   C）编程时不可以用 Dim 语句声明带有事件的对象变量
   D）声明带有事件的对象变量时必须加上 WithEvents 关键字

3. 假设已经创建了一个 TxtClass 类，现要创建该类的实例，即创建对象 TxtClass1，以下语句正确的是_____。
   A）Dim TxtClass As New TxtClass1
   B）Dim TxtClass1 As New TxtClass
   C）TxtClass1 = New TxtClass
   D）Dim TxtClass1 As TxtClass

4. 下列关于"构造函数"的叙述中，正确的是_____。
   A）一个类中只能定义一个构造函数
   B）构造函数在创建一个对象时，不可以对该对象进行初始化
   C）程序中可以直接调用构造函数
   D）如果在类中没有显式定义构造函数，则系统会自动为该类生成一个默认的构造函数

5. 下列叙述中，错误的是_____。
   A）派生类继承了基类的字段、属性、方法和事件
   B）派生类可以继承基类中的构造函数
   C）重载是指在类中存在同名的方法或属性的定义，但这些同名的方法或属性的参数类型或参数个数必须不同
   D）重写时要求重写的方法或属性与被重写的方法或属性的名称、参数个数、参数类型完全相同，但所包含的代码却可以完全不同

6. 下列关键字中，_____用于定义重载的方法或属性。
   A）Overrides   B）Overridable   C）Overloads   D）Inherits

7. 如果要在子类中"重写"基类的某个方法，必须在基类中使用___(1)___关键字定义该方法，然后在子类中使用___(2)___关键字重写该方法。
   (1)(2) A）Overloads   B）Overridable   C）Overrides   D）Overwrite

二、填空题

1. 面向对象技术具有封装性、继承性和___(1)___。
2. 在类中使用___(2)___声明的成员，在类的外部也可以访问它。

3．使用关键字___（3）___可以声明一个只读属性。

4．在类的属性定义语句中，通过___（4）___子句设置属性的值，通过___（5）___子句获取属性的值。

5．每一个属于某个类的特定对象称为该类的一个___（6）___。

6．对一个对象变量赋予___（7）___，就是释放该对象变量。

7．构造函数实质上是名称为___（8）___的 Sub 过程

8．可以在已有类的基础上通过增加新特征而派生出新的类，这种机制称为___（9）___。其原有的类称为___（10）___，而新建立的类则称为___（11）___。

9．从基类创建一个派生类，可以通过___（12）___语句来实现。

10．求 2 的 n 次方。创建一个类 Pow2n，用于计算 2 的 n 次方，在 Form1_Click 事件过程中使用该类求 2 的 10 次方。完成下列代码。

```
Public Class Form1
    Dim P1 As ___（13）___
    Private Sub Form1_Click(…) Handles Me.Click
        MsgBox(___（14）___)
    End Sub
End Class
Public Class Pow2n
    Public Function Calpow(ByVal n As Integer) As Integer
        Dim t As Integer = 1
        Do While n > 0
            ___（15）___
            n = n - 1
        Loop
        Calpow = t
    End Function
End Class
```

上机练习 11

1．创建一个类 Crnd，用于产生一个[10, n]区间内的随机整数，然后在 Button1_Click 事件过程中输入 n 值，再使用类 Crnd 产生一个随机整数。完成下列代码并上机验证。

```
Public Class Form1
    Dim Crnd1 As ___（1）___
    Private Sub Button1_Click(…) Handles Button1.Click
        Dim n As Integer
        n = Val(InputBox("输入 n 的值（n>10）"))
        ___（2）___
        Crnd1.disp()
    End Sub
End Class
Public Class Crnd
    Dim a, r As Integer
```

```
Public Sub New(ByVal a1 As Integer)
    Randomize()
    ____(3)____
End Sub
Public Function Prnd(ByVal n As Integer)
    r = Int(Rnd() * (n - a + 1) + a)
    Return ____(4)____
End Function
Public Sub disp()
    MsgBox("产生的随机数为：" & r)
End Sub
```
End Class

2．创建一个有关圆的类 Circle，在类中定义 1 个属性 Radius（半径）、2 个方法 CalC（计算圆周长）和 CalS（计算圆面积）。设计界面并编写有关代码测试该类的功能。参考界面如图 11.6 所示。

图 11.6　计算圆的周长及面积

3. 利用类进行加减法运算。

（1）创建一个计算类 Ccal，在类中定义 2 个属性 Oper1（运算数 1）和 Oper2（运算数 2）、2 个方法 Add（加法运算）和 Subt（减法运算）。

（2）参照图 11.7 设计界面。程序运行时，用户通过文本框分别输入 2 个运算数，单击"设置属性值"按钮，则用这 2 个数设置类的对象 Ccal1 的 Oper1 和 Oper2 属性。单击"加运算"按钮，可调用 Add 方法，计算结果显示在相应文本框中；单击"减运算"按钮，可调用 Subt 方法，计算结果显示在相应文本框中。

图 11.7　利用类进行加减法运算

将下面的程序代码补充完整，并上机验证。

```
Public Class Form1
    Dim Ccal1 As New Ccal
    Private Sub Button1_Click(…) Handles Button1.Click        '设置属性值
          (1)                                                '一至多条语句
        TextBox3.Text = ""
        TextBox4.Text = ""
    End Sub
    Private Sub Button2_Click(…) Handles Button2.Click        '加运算
        TextBox3.Text =     (2)
    End Sub
    Private Sub Button3_Click(…) Handles Button3.Click        '减运算
        TextBox4.Text =     (3)
    End Sub
End Class
Public Class Ccal
    Dim     (4)
    Public Property Oper1() As Single
        Get
            Return x1
        End Get
        Set(ByVal value As Single)
            x1 = value
        End Set
    End Property
    Public Property Oper2() As Single
        Get
            Return x2
        End Get
        Set(ByVal value As Single)
            x2 = value
        End Set
    End Property
    Public Function Add() As Single
          (5)
    End Function
    Public Function Subt() As Single
          (6)
    End Function
End Class
```

4. 在第 3 题程序的基础上继续设计，为 Ccal 类定义事件 ErrOper，在减法运算时若被减数

（运算数1）小于减数（运算数2）时触发此事件。然后编写事件过程实现，当此事件发生时，返回错误码"-1"，以及利用消息框显示"非法运算数，请检查！"给予警告。

5．在第4题程序的基础上继续设计，在计算类 Ccal 的基础上，派生出一个能进行加、减及乘法运算的类 CCcal，继承原有的加、减运算，再添加乘法运算的方法 Mult，然后编写事件过程实现，运行界面如图 11.8 所示。

图 11.8　利用类进行加减乘运算

附录 A　字符 ASCII 码表

代码	字符	代码	字符	代码	字符	代码	字符	代码	字符
32	空格	52	4	72	H	92	\	112	p
33	!	53	5	73	I	93	]	113	q
34	"	54	6	74	J	94	^	114	r
35	#	55	7	75	K	95	_	115	s
36	$	56	8	76	L	96	`	116	t
37	%	57	9	77	M	97	a	117	u
38	&	58	:	78	N	98	b	118	v
39	'	59	;	79	O	99	c	119	W
40	(	60	<	80	P	100	d	120	x
41	)	61	=	81	Q	101	e	121	y
42	*	62	>	82	R	102	f	122	z
43	+	63	?	83	S	103	g	123	{
44	,(逗号)	64	@	84	T	104	h	124	|
45	-	65	A	85	U	105	i	125	}
46	.	66	B	86	V	106	j	126	~
47	/	67	C	87	W	107	k	127	
48	0	68	D	88	X	108	l		
49	1	69	E	89	Y	109	m		
50	2	70	F	90	Z	110	n		
51	3	71	G	91	[	111	o		

　　说明：在 ASCII 码字符集中，0~31 表示控制码，32~127 表示字符码。常用的控制码有：BackSpace（退格）键码为 8，Tab 键码为 9，换行码为 10，Enter（回车）键码为 13，Esc 键码为 27。

习题参考答案

习 题 1

一、单选题

1. C   2. C   3. A   4. A   5. B   6. A
7. D   8. C   9. D   10. D   11. B   12. B

二、填空题

（1）VS.NET   （2）设计模式   （3）运行模式   （4）调试模式
（5）设计用户界面   （6）编写程序代码   （7）视图   （8）工具箱
（9）停靠   （10）Shift   （11）格式   （12）Font
（13）左上角   （14）代码   （15）视图设计器   （16）查看代码
（17）.sln

习 题 2

一、单选题

1. D   2. A   3. C   4. D   5. C   6. C   7. A
8. B   9. A   10. C   11.（1）C（2）B   12. C   13. D   14. B

二、填空题

（1）属性   （2）方法   （3）事件   （4）Width   （5）Height
（6）Left   （7）Top   （8）Button2_Click   （9）Cmd1_Click
（10）Me.Text="VB.NET 程序设计"   （11）TextAlign
（12）Button3.Focus
（13）TextBox2.Font=New Font("楷体", 20, FontStyle. Bold)
（14）ReadOnly   （15）sua

习 题 3

一、单选题

1. D   2. ①A ②C   3. A   4. B   5. B   6. D   7. B
8. C   9. A   10. A   11. C   12. C   13. C   14. D

二、填空题

（1）a^2 - 3*a*b/(3+a)   （2）(2+x*y)/(2 - y*y)
（3）x^(3/8)+Sqrt(y^2+4*a^2/(x+y^3))   （4）Int(50+6*Rnd())
（5）141   （6）3   （7）214   （8）70   （9）"45"   （10）0

（11）"系统管理数据库"　　　（12）蓝色　　　　　（13）大写　　　　　（14）波浪

习　题　4

一、单选题

1．C　　　　2．D　　　　3．B　　　　4．D　　　　5．D
6．B　　　　7．C　　　　8．D　　　　9．A　　　　10．C

二、填空题

（1）$0,123.5　　　（2）Microsoft　　　　（3）SOFT
（4）InputBox("请输入学生的姓名", "学籍资料", "李四")
（5）MsgBox("在这里显示" & Chr(13) & "提示信息", 2 + 16 + 0, "请确认")
（6）AAA

习　题　5

一、单选题

1．C　　　2．B　　　3．A　　　4．C　　　5．C　　　6．D
7．D　　　8．D　　　9．A　　　10．C　　　11．B

二、填空题

（1）60000　　　（2）k=3　　　（3）"0" To "9"　　　（4）"a" To "z", "A" To "Z"
（5）Else　　　（6）x>0　　　（7）x=0　　　（8）Else

习　题　6

一、单选题

1．C　　　2．B　　　3．A　　　4．D　　　5．（1）B　（2）C　（3）B
6．（1）D　（2）C　　　7．D　　　8．B　　　9．D

二、填空题

（1）15　　　（2）GHDEAB　　　（3）One　　　（4）ItemA　　　（5）ItemD
（6）ItemD　　　（7）ItemA

习　题　7

一、单选题

1．D　　　2．C　　　3．D　　　4．A　　　5．C　　　6．B
7．A　　　8．C　　　9．C　　　10．A

二、填空题

（1）16　　　（2）ABCEFI　　　（3）Weekday(Today)−1　　　（4）w(x)

习 题 8

一、单选题

1. B 　　　 2. D 　　　 3. C 　　　　 4. B 　　　　 5. D 　　　　 6. A
7. C 　　　 8. C 　　　 9. A

二、填空题

（1）相同存储单元　　　　　（2）按值传递方式　　　　　（3）Ubound
（4）Fnmy(ByVal x As Short, ByVal d(,) As String) As Boolean
（5）EF　　　　（6）30

习 题 9

一、单选题

1. B 　　　 2. D 　　　 3. A 　　　 4. A 　　　 5.（1）D 　（2）D
6. A 　　　 7. B 　　　 8. C 　　　 9. D 　　　 10. C

二、填空题

（1）s="end" 　　（2）Write(1, s) 　　　（3）OpenMode.Output 　　　（4）Write(3, s)
（5）FileClose() 　　（6）Len(st) 　　　（7）LOF(1)/Len(st)
（8）FilePut(1, st, k)（9）局部变量　　　　（10）立即

习 题 10

一、单选题

1. A 　　　 2. D 　　　 3. A 　　　 4. C 　　　 5. B 　　　 6. D
7. C 　　　 8. B

二、填空题

（1）MouseButtons.Right 　　（2）Checked 　　　　　（3）–（减号）
（4）FontDialog 　　（5）语言高级计算机 　　　（6）True
（7）FontDialog1.Font 　　（8）ColorDialog1.Color

习 题 11

一、单选题

1. D 　 2. C 　 3. B 　　 4. D 　　 5. B 　　 6. C 　　 7.（1）B 　（2）C

二、填空题

（1）多态性 　（2）Public 　（3）ReadOnly 　（4）Set 　（5）Get 　　（6）实例
（7）Nothing 　（8）New 　（9）继承 　　（10）基类 　（11）派生类
（12）Inherits 　（13）New Pow2n 　　（14）P1.Calpow(10) 　（15）t=2*t

反侵权盗版声明

电子工业出版社依法对本作品享有专有出版权。任何未经权利人书面许可，复制、销售或通过信息网络传播本作品的行为；歪曲、篡改、剽窃本作品的行为，均违反《中华人民共和国著作权法》，其行为人应承担相应的民事责任和行政责任，构成犯罪的，将被依法追究刑事责任。

为了维护市场秩序，保护权利人的合法权益，我社将依法查处和打击侵权盗版的单位和个人。欢迎社会各界人士积极举报侵权盗版行为，本社将奖励举报有功人员，并保证举报人的信息不被泄露。

举报电话：（010）88254396；（010）88258888

传　　真：（010）88254397

E-mail：dbqq@phei.com.cn

通信地址：北京市海淀区万寿路 173 信箱
　　　　　电子工业出版社总编办公室

邮　　编：100036